Duden

**Erfolgreiche Bewerbungen
in der Wissenschaft**

Duden

Erfolgreiche Bewerbungen in der Wissenschaft

Von Heinz Reinders
in Zusammenarbeit mit der
Dudenredaktion

Dudenverlag
Mannheim · Leipzig · Wien · Zürich

Redaktionelle Bearbeitung Dr. Sylvia Schmitt-Ackermann (Projektleitung), Marlies Herweg
Herstellung Monika Schoch

Die **Duden-Sprachberatung** beantwortet Ihre Fragen
zu Rechtschreibung, Zeichensetzung, Grammatik u. Ä.
montags bis freitags zwischen 08:00 und 18:00 Uhr.
Aus Deutschland: **09001 870098** (1,86 € pro Minute aus dem Festnetz)
Aus Österreich: **0900 844144** (1,80 € pro Minute aus dem Festnetz)
Aus der Schweiz: **0900 383360** (3.13 CHF pro Minute aus dem Festnetz)
Die Tarife für Anrufe aus Mobilfunknetzen können davon abweichen.
Unter www.duden-suche.de können Sie mit einem Online-Abo auch
per Internet in ausgewählten Dudenwerken nachschlagen.
Den kostenlosen Newsletter der Duden-Sprachberatung können Sie
unter www.duden.de/newsletter abonnieren.

Bibliografische Information der Deutschen Nationalbibliothek
Die Deutsche Nationalbibliothek verzeichnet diese Publikation in
der Deutschen Nationalbibliografie; detaillierte bibliografische
Daten sind im Internet über http://dnb.ddb.de abrufbar.

Typografie Farnschläder & Mahlstedt Typografie, Hamburg
Umschlaggestaltung Bettina Bank
Umschlagabbildung fontshop
Druck und Bindearbeiten Druckerei C. H. Beck, Nördlingen
E D C B A
Printed in Germany
ISBN 978-3-411-73481-8
www.duden.de

Vorwort

Wissenschaft und Hochschule entfernen sich zusehends vom Modell des Elfenbeinturms. Dies gilt nicht nur für den Transfer von Forschung in die Praxis und in die Öffentlichkeit. Auch Ausschreibungen wissenschaftlicher Stellen erfolgen mittlerweile öffentlich. Diverse Jobbörsen im Internet mit einem spezifischen Angebot für Akademiker[1] zeugen ebenso davon wie die zunehmende Professionalisierung des Personalmanagements an Hochschulen und Universitäten. Die diesem Ratgeber zugrunde liegende Befragung von Wissenschaftlern in Leitungspositionen ergab, dass etwa die Hälfte eine Annäherung an Bewerbungsverfahren in der Wirtschaft für sinnvoll hält.

Gleichzeitig übersteigt das Angebot an Bewerbern deutlich die Zahl ausgeschriebener Stellen. Pro Doktorandenstelle werden im Durchschnitt etwa 15 Bewerbungen eingereicht, in einigen Disziplinen sind es zum Teil mehr als 20 Aspiranten. Für eine erfolgreiche Bewerbung ist deshalb eine gute Beratung wichtig. Welche Unterlagen soll eine wissenschaftliche Bewerbung enthalten? Wie formuliere ich Anschreiben und Lebenslauf besonders aussagekräftig? Was ist beim Vorstellungsgespräch zu beachten? Antworten auf diese Fragen gibt es für andere Berufsfelder in zahlreichen Ratgebern. Hilfreiche Tipps für Bewerbungen in der Wissenschaft finden sich dort in der Regel jedoch nicht.

Das vorliegende Buch schließt diese Lücke und bietet eine gut gegliederte und schrittweise Einführung in die wissenschaftliche Bewerbung. Die enthaltenen Tipps und Informationen basieren auf einer Befragung von Wissenschaftlern in Leitungspositionen. Dies ermöglicht eine gezielte und fundierte Begleitung des Bewerbungsprozesses; darüber hinaus kann der Ratgeber fachspezifische Besonderheiten aufzeigen.

Der inhaltliche Aufbau orientiert sich dabei an der zeitlichen Reihenfolge eines typischen Bewerbungsverfahrens. Zunächst werden Karrierewege und -chancen in der Wissenschaft dargelegt, anhand derer sich einzelne Stationen der wissenschaftlichen Biografie besser erkennen

---

[1] Aus Gründen der Übersichtlichkeit und Lesbarkeit wird in der vorliegenden Darstellung für beide Geschlechter die maskuline Personenbezeichnung verwendet. Frauen sind damit gleicherweise gemeint wie Männer.

und einschätzen lassen. Daran schließt sich eine systematische Einführung an, wie wissenschaftliche Stellenangebote gefunden werden können und unter welchen Umständen sich Initiativbewerbungen lohnen.

Als Ausgangspunkt für die weiteren Schritte des Bewerbungsverfahrens wird ein Überblick über den gesamten Bewerbungsprozess gegeben und in die einzelnen Teilschritte eingeführt.

Zu Beginn einer jeden Bewerbung steht die richtige Interpretation einer Stellenausschreibung. Hier kommt es darauf an, die Struktur von Stellenanzeigen zu kennen, um so die relevanten Informationen herausfiltern zu können. Basierend auf diesen Informationen werden im nächsten Schritt die Bewerbungsunterlagen zusammengestellt. Wesentlich sind hier die verschiedenen Arten von Unterlagen; auch ihre korrekte Reihenfolge für die Bewerbungsmappe spielt eine Rolle.

Nach diesen übergreifenden Einführungen werden in den folgenden Kapiteln detaillierte Anleitungen zum Verfassen des Anschreibens sowie des Lebenslaufs gegeben. Hierbei wird auf inhaltliche Fragen ebenso eingegangen wie auf das richtige Layout, damit eine Bewerbung besonders gut zur Geltung kommt.

Anschließend werden Besonderheiten eines Vorstellungsgesprächs in der Wissenschaft betrachtet. Neben wichtigen Grundsätzen der Gesprächsführung werden vier Typen von Wissenschaftlern in Leitungspositionen beschrieben, die bei einem Vorstellungsgespräch anzutreffen sind. Die Kenntnis dieser Typen erleichtert den Umgang mit dem Gegenüber in der konkreten Gesprächssituation.

In vielen Fällen werden Bewerber auf wissenschaftliche Stellen nicht nur zum persönlichen Gespräch gebeten. Darüber hinaus wird häufig ein Vortrag verlangt, der den Nachweis wissenschaftlicher Kompetenzen der Bewerber erbringen soll. Praktische Anleitungen zeigen, wie ein Vortrag strukturiert werden kann und wie die fachliche Kompetenz durch die richtige Präsentation unterstrichen werden kann.

Die zahlreichen praktischen Anleitungen werden abschließend durch einen Überblick über die wichtigsten Entscheidungskriterien abgerundet. Die Kenntnis der wichtigsten Kriterien, anhand derer sich Ausschreibende für einen Bewerber entscheiden, ist äußerst hilfreich, um bei der eigenen Bewerbung die richtigen Schwerpunkte setzen zu können. Auch werden in diesem Kapitel Tipps zur angemessenen Nachfrage nach dem Stand des Verfahrens und Ratschläge für die Annahme oder Ablehnung einer angebotenen Stelle gegeben.

Die im Anhang enthaltenen Checklisten orientieren sich an den einzelnen Kapiteln des Ratgebers und ermöglichen eine zielgerichtete, fundierte und systematische Erstellung eigener Bewerbungsunterlagen.

Innerhalb der einzelnen Kapitel werden praktische Hinweise optisch hervorgehoben und die Ergebnisse der Befragung von Wissenschaftlern in Leitungspositionen als Grundlage für diese Empfehlungen genutzt. So wird der vorliegende Ratgeber zum wichtigen Begleiter für Hochschulabsolventen, die sich auf Positionen in Wissenschaft und Lehre bewerben.

Die im Folgenden dargelegten Anleitungen, Tipps und Musterschreiben sind Empfehlungen des Autors und basieren auf den Ergebnissen einer Studie, die er von September 2006 bis November 2006 durchgeführt hat. Entsprechend können die Vorschläge des Autors zur Gestaltung der Bewerbungsunterlagen von den Empfehlungen nach DIN 5008, den Schreib- und Gestaltungsregeln für die Textverarbeitung, abweichen.

Mannheim, im Juli 2008   Die Dudenredaktion

Inhalt

Über die Studie

Die Empfehlungen für eine erfolgreiche Bewerbung in der Wissenschaft basieren auf einer für Deutschland einzigartigen Studie. Im Rahmen einer Online-Untersuchung wurden 450 Personen in Leitungsfunktionen aus dem Wissenschaftsbereich zu ihren Vorstellungen über Bewerbungsunterlagen, Vorstellungsgespräche und Einstellungskriterien befragt.

In die Studie wurden neben Professoren auch Vertreter des akademischen Mittelbaus einbezogen. Angehörige privater Universitäten sind in der Untersuchung ebenso vertreten wie Leitungspersonen öffentlicher Hochschulen und Forschungseinrichtungen. Außer diesen Gruppen berücksichtigt die Studie in besonderem Maße die unterschiedlichen Fachrichtungen.

Berücksichtigung unterschiedlicher Fachrichtungen

Vertretene Hochschularten

Im Folgenden wird die Studie kurz vorgestellt. An der Befragung nahmen 36,8 Prozent Wissenschaftlerinnen und 63,2 Prozent Wissenschaftler teil. Mehrheitlich handelt es sich um Angehörige öffentlicher Universitäten, gefolgt von Vertretern technischer bzw. pädagogischer Hochschulen sowie von Fachhochschulen (FH, PH, TH) (vgl. Abbildung 1).

Der allgemeinen Hochschullandschaft entsprechend sind private Universitäten und wissenschaftliche Forschungsinstitute seltener vertreten. Insgesamt berücksichtigt die Befragung öffentliche Universitäten und Fachhochschulen als wesentliche Arbeitgeber im Wissenschaftsbereich, ohne dass andere Einrichtungen ausgeblendet werden.

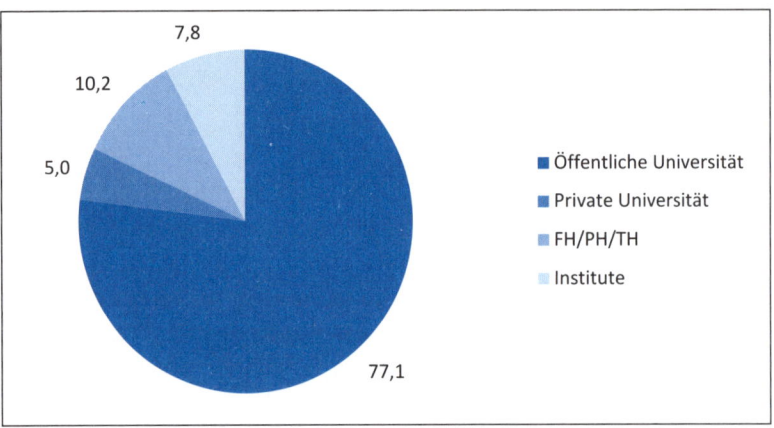

Abbildung 1: Verteilung der Befragten nach Art wissenschaftlicher Einrichtungen (Angaben in Prozent)

Wissenschaftliche Positionen der Befragten

Im Rahmen der Studie konnten neben Professoren auch Vertreter des akademischen Mittelbaus in Leitungsfunktionen (Akademische Räte, Postdoktoranden, Forschungsgruppenleiter etc.) befragt werden. Die größte Gruppe bilden hier die Professoren und Juniorprofessoren, gefolgt von Vertretern des Mittelbaus. Ebenfalls enthalten sind in der Studie Informationen von Institutsleitern oder -direktoren sowie von Dekanen, Rektoren und Kanzlern und deren Vertretern (beispielsweise Prodekane oder Prorektoren) (vgl. Abbildung 2).

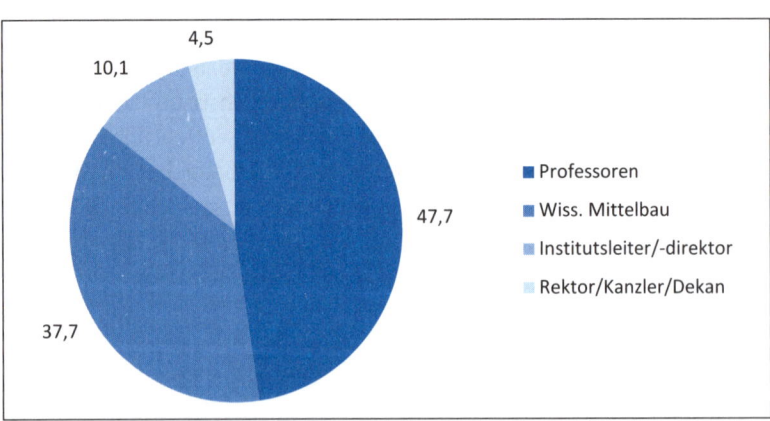

Abbildung 2: Verteilung nach wissenschaftlichen Positionen (Angaben in Prozent)

Für die eigene Bewerbung kommt es unter Umständen darauf an, wer letztlich über die Besetzung einer Stelle entscheidet. Die Unterscheidung z. B. zwischen Professoren einerseits und wissenschaftlichem Mittelbau andererseits kann hier wichtige Informationen liefern.

Fachrichtungen

Innerhalb der einzelnen Fachrichtungen und Disziplinen herrschen zum Teil sehr unterschiedliche Kulturen vor. Je nach Ausmaß der Forschungsintensität oder der Bedeutung internationaler Publikationen gehen mit diesen Kulturen verschiedene Einstellungskriterien einher. Daneben ermöglicht die Studie auch fachspezifische Empfehlungen. Aussagekräftig sind die Angaben vor allem für die vier Bereiche der Natur-, Sozial-, Gesellschaftswissenschaften (Sprach-, Kultur- und Geisteswissenschaften) sowie der Ingenieurwissenschaften einschließlich Mathematik (vgl. Abbildung 3).

Fachspezifische Empfehlungen

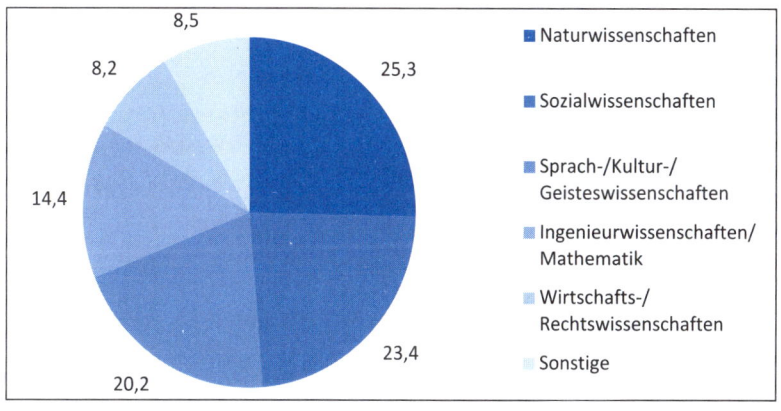

Abbildung 3: Verteilung nach Fachrichtungen (Angaben in Prozent)

Fachübergreifende Bewerbungsempfehlungen basieren auf Angaben von Wirtschafts- und Rechtswissenschaftlern; hinter den sonstigen Fachrichtungen verbergen sich Mediziner, Ernährungs-, Agrar- und Forstwissenschaftler sowie Kunstwissenschaftler. Aufgrund der geringen Teilmengen können für diese Disziplinen keine spezifischen, sondern vor allem allgemeine Aussagen getroffen werden. Da jedoch kaum nennenswerte Unterschiede zwischen der Kategorie »Sonstige« und den anderen Fachrichtungen auftreten, werden Bewerbungsverfahren eher Ähnlichkeiten zu anderen Disziplinen aufweisen.

Viele Fachrichtungen vertreten

Einstellungserfahrungen

Für die Bewertung der Aussagen aus der Studie ist wesentlich, welche Einstellungserfahrungen die Befragten besitzen. Es handelt sich in der Mehrzahl um Wissenschaftler in Leitungspositionen, die häufig über Einstellungen entscheiden müssen. Immerhin 76,9 Prozent der Befragten haben in den letzten fünf Jahren Stellen besetzt, bei den übrigen liegen die Besetzungen länger zurück.

Erprobte Einstellungs- praxis

Es zeigt sich, dass jene drei Viertel der Befragten, die in den letzten fünf Jahren Einstellungen vorgenommen haben, über reichhaltige Erfahrungen mit der Bewerbungs- und Einstellungspraxis verfügen. Knapp ein Drittel hat mindestens eine oder bis zu drei Positionen besetzt. Die große Mehrzahl greift bei der Einschätzung von Bewerbungen auf Erfahrungen bei vier, teilweise sogar bei bis zu zehn Neueinstellungen zurück. Zudem findet sich eine kleinere Gruppe Befragter, die mehr als zehn Stellen besetzt hat (vgl. Abbildung 4).

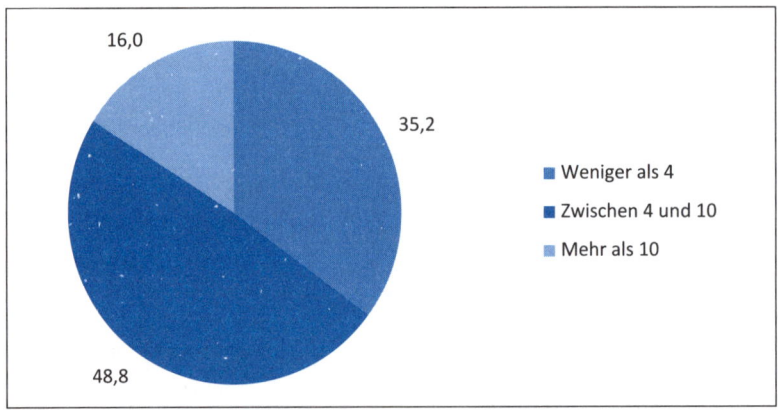

Abbildung 4: Anzahl vorgenommener Einstellungen in den letzten 5 Jahren (Angaben in Prozent)

Darüber hinaus verfügen die Befragten mehrheitlich über Erfahrungen in der Personalführung. Lediglich knapp 16 Prozent geben an, noch nie ein Forschungsprojekt geleitet zu haben. Die überwiegende Mehrheit war in den letzten fünf Jahren mindestens für ein Projekt verantwortlich, darunter etwa ein Drittel mit drei oder mehr eigenständig geführten Forschungsprojekten. Das bedeutet, dass die Studienteilnehmer konkrete Vorstellungen entwickelt haben, welche Anforderungen Bewerber erfüllen müssen, um Projekte erfolgreich durchführen zu können.

Diese praktischen Erfahrungen sind für Bewerbungsempfehlungen besonders relevant. Die Befragten geben in der Studie demnach nicht an, was sie sich hypothetisch als wichtige Kriterien für eine Einstellung vorstellen können. Vielmehr basieren die Erwartungen an eine Bewerbung auf den von ihnen erprobten Besetzungserfahrungen. Hinzu kommt, dass lediglich acht Prozent der Untersuchungsteilnehmer massive Fehlprognosen vorgenommen haben. Das heißt, die Mehrzahl der Befragten erachtet die eigenen Bewerbungskriterien als verlässliche Indikatoren, um unter den Bewerbern den passenden und geeignetsten Kandidaten auszuwählen.

Praktische Erfahrungen

Wenn eine Fehlbesetzung vorgenommen wurde, so waren hierfür jedoch in der Regel nicht die fachlichen Qualifikationen ausschlaggebend, sondern vielmehr die sozialen Kompetenzen der eingestellten Bewerber. Knapp 60 Prozent derjenigen, die sich aus ihrer Sicht für den falschen Bewerber entschieden haben, sahen den Grund hierfür in sozialen Kompetenzen, die geringer waren, als ursprünglich aufgrund der Bewerbung erwartet wurde.

Qualifikationen vs. Kompetenzen der Bewerber

Art der ausgeschriebenen Stellen

Differenzierungen zeigen sich bei den besetzten Positionen. Nicht alle Befragten haben gleichermaßen Doktoranden- oder Postdoktorandenstellen vergeben. Wie Abbildung 5 verdeutlicht, verfügen die Teilnehmer der Studie jedoch besonders häufig über Erfahrungen bei der Einstellung von Doktoranden.

Einstellung von Doktoranden

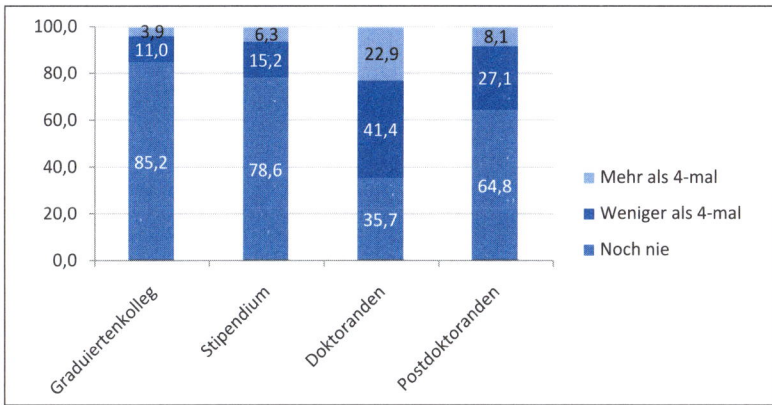

Abbildung 5: Häufigkeit ausgeschriebener Stellen nach Art der Position (Angaben in Prozent)

Lediglich etwas mehr als ein Drittel gibt an, die entsprechende Position noch nie besetzt zu haben. Weniger ausgeprägt ist der Erfahrungshintergrund bei Stellen für bereits promovierte Wissenschaftler und Nachwuchsakademiker, die sich für Graduiertenkollegs oder Stipendien bewerben. Dies hat u. a. damit zu tun, dass Stellen im wissenschaftlichen Bereich seltener über Graduiertenprogramme oder Stipendien vergeben werden. Auch die geringere Erfahrung mit der Einstellung von Postdoktoranden im Vergleich zu Hochschulabsolventen kann mit der allgemeinen Stellenlage erklärt werden.

Gerade Promotionsstellen, die für Hochschulabgänger von Interesse sind, weil sie den Einstieg in die wissenschaftliche Karriere bedeuten, werden häufig von den Befragten besetzt. Somit ist ein gesicherter Erfahrungshorizont der zukünftigen Chefs besonders in diesem Bereich zu erwarten.

Zusammenfassung

Die Befragung von Wissenschaftlern in Leitungspositionen erbringt wichtige Informationen zu Bewerbungskriterien für alle wissenschaftlichen Einrichtungen und diverse Fachrichtungen. Dabei können sowohl die Kriterien von Professoren als auch die von Vertretern des akademischen Mittelbaus berücksichtigt werden; die Mehrheit der Befragten verfügt über reiche Erfahrungen bei der Besetzung von Stellen. Somit ist es möglich, verlässliche Aussagen darüber zu treffen, worauf es bei der Bewerbung auf eine wissenschaftliche Stelle ankommt.

Karrieren in der Wissenschaft

Eine Karriere in der Wissenschaft erfordert zunächst einmal Geduld. Mitunter können vom Erhalt des Hochschulzeugnisses bis zum Ruf auf eine Professur 15 bis 20 Jahre vergehen. Wenngleich sich diese Zeiträume zusehends verkürzen und je nach eigenem Engagement das Durchlaufen der Karrierestufen auch in weniger als zehn Jahren möglich ist, so steht die Bewerbung auf eine Promotionsstelle doch am Anfang eines längeren Weges. Dieser Weg kann ein direkter Pfad mit den idealtypisch vorgesehenen Abschnitten oder aber ein weniger direkter Pfad mit diversen Umwegen sein.

Für eine Karriere in der Wissenschaft sind, unabhängig von der Fachrichtung, fünf Merkmale kennzeichnend. Erstens ähneln wissenschaftliche Karrieren einer Eieruhr. Es gibt eine vergleichsweise große Anzahl an Promotionsstellen, die auf der Ebene wissenschaftlicher Assistentenstellen deutlich abnimmt und schließlich bei den Professuren wieder etwas größer wird. Die Eieruhr akademischer Karrieren

Zweitens verlaufen Karrieren – wie in anderen Bereichen auch – sehr stark in Abhängigkeit von sozialen Netzwerken. Diese Netzwerke innerhalb der Disziplinen mit ihren spezialisierten Fachrichtungen und Thematiken sind zumeist überschaubar, und zumindest unter den Professoren kennt man einander. Das bedeutet, dass für die wissenschaftliche Karriere nicht nur die eigenen, sondern auch die Netzwerke des (zukünftigen) Chefs wichtig sind, um den Weg im Trichter nach oben zu finden. Netzwerke nutzen

Drittens ist das Fortkommen im Wissenschaftsbetrieb von der Produktivität und dem Renommee eines Professors abhängig. Je mehr Forschungsprojekte an einem Lehrstuhl durchgeführt werden, desto wahrscheinlicher ist es, dort auch eine Stelle zu bekommen. Je höher das Renommee, desto eher gehen andere Professoren davon aus, dass sie einen gut ausgebildeten Bewerber einstellen. Bereits zu Beginn der eigenen Karriere empfiehlt es sich daher, strategisch nach Universitäten und Lehrstühlen Ausschau zu halten. Forschungsintensive Einrichtungen finden

Viertens sind die Verdienstmöglichkeiten in der Wissenschaft eher verhalten. Gerade Promotionsstellen, die in der Regel nur halbe Stellen sind, werden im Vergleich zu Stellen in der Wirtschaft weniger gut Finanzielle Interessen nicht in den Mittelpunkt rücken

dotiert. Die Gehaltssituation bessert sich ab der Position eines Postdoktoranden, zumal dann, wenn es sich um eine verbeamtete Stelle (zumeist auf Zeit) handelt. Schließlich ermöglicht es die neue W-Besoldung für Professoren, Leistungszulagen auszuhandeln, und einige Bundesländer erlauben zudem, vom Drittmittelgeber gewährte Zahlungen als eigenes Salär zu verbuchen.

Mobilität und Flexibilität zeigen

Fünftens sind wissenschaftliche Karrieren durch eine hohe regionale Flexibilität gekennzeichnet. Zwar ist es rein theoretisch möglich, den Hochschulabschluss, die Promotion und die Habilitation an einem Universitätsstandort zu absolvieren. Spätestens aber nach der Habilitation ist ein Standortwechsel unvermeidlich, weil sogenannte »Hausberufungen« (also die Übernahme einer Professur an der gleichen Hochschule, an der die Habilitation erfolgt ist) ein schlechtes Image haben und kaum vorgenommen werden. Aber auch nach der Promotion bzw. bereits nach dem Hochschulabschluss ist Mobilität vonnöten und aus strategischen Gründen zumeist empfehlenswert.

Fünf Merkmale wissenschaftlicher Karrieren

Die Luft wird in der Mitte dünner. Vor allem Positionen als wissenschaftliche Assistenten sind deutlich seltener anzutreffen als Promotionsstellen und Professuren.

Vitamin B hält fit. Soziale Netzwerke des (zukünftigen) Chefs helfen dabei, die Karriereleiter zu erklimmen.

Kittel machen Leute. Forschungsintensive Lehrstühle mit hohem Ansehen unterstützen den eigenen Karriereweg.

Zeit ist Geld. Wirtschaftlich lukrativ werden Stellen in der Wissenschaft zumeist erst nach der Promotion.

Das Wandern ist des Forschers Lust. Nach jedem akademischen Abschluss erfolgt häufig auch ein Standortwechsel.

Karriereplanung in drei Schritten

Für die Planung der eigenen Karriere sind vor dem Hintergrund dieser fünf Merkmale die folgenden Schritte von entscheidender Bedeutung:

(1) Schauen Sie sich den Stellenmarkt genau an und wählen Sie strategisch die für Ihre Planungen beste Option.

(2) Informieren Sie sich über das Forschungsprofil von Personen, die eine Stelle ausschreiben. Machen Sie sich einen Eindruck da-

von, wie präsent potenzielle Chefs in ihrem Wissenschaftsbereich sind.

(3) Verschaffen Sie sich einen Überblick über Einrichtungen, die häufig Forschungsprojekte durchführen. Dort lohnt sich unter Umständen auch eine Initiativbewerbung.

Karrierestufen in der Wissenschaft

Als Einstieg für Ihre Karriereplanung bedarf es zunächst einer kurzen Darstellung der einzelnen Karrierestufen. Denn: Die Karriere beginnt nicht erst mit dem Hochschulzeugnis, sondern bereits während des Studiums als Hilfskraft an einem Lehrstuhl oder einer Forschungseinrichtung. Solche Hilfskrafttätigkeiten vermitteln erste Erfahrungen im Forschungs- und Wissenschaftsbetrieb und ermöglichen den (wenngleich zunächst begrenzten) Zugang zu Insiderwissen. Wichtiger aber ist hier, Kontakte mit zukünftigen Chefs zu knüpfen.

Karrieren beginnen häufig bereits im Studium.

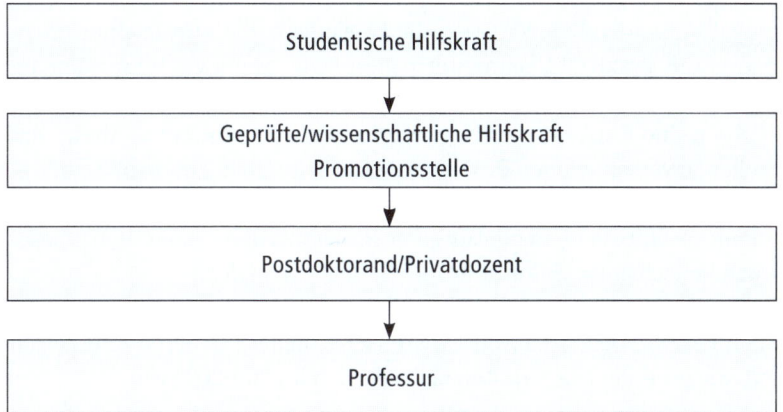

Abbildung 6: Idealtypische Karrierestufen in der Wissenschaft

Das Hochschulzeugnis stellt dann die notwendige formale Qualifikation dar, um sich auf eine Promotionsstelle bewerben zu können oder als geprüfte bzw. wissenschaftliche Hilfskraft tätig zu sein. Die dann erlangte Position ist in der Regel die eines wissenschaftlichen Mitarbeiters, sei es in einem Forschungsprojekt oder aber auf einer Planstelle direkt an einem Lehrstuhl bzw. in einem Institut.

Nach erfolgreich bestandener Promotion folgt die Stufe des Postdoktoranden. Dies waren in der Vergangenheit Stellen als sogenannte wissenschaftliche Assistenten oder Akademische Räte. Beide Stellenprofile werden mittlerweile um die des Juniorprofessors ergänzt; insbesondere die Position des Akademischen Rats wird immer seltener ausgeschrieben. Auch ist die klassische Position des Assistenten nicht mehr der einzige Weg zur Habilitation. Ein wesentlicher Unterschied zur Promotionsstelle besteht darin, dass auf dieser Stufe die Wahrscheinlichkeit höher ist, eine Ganztagsstelle einzunehmen. Promotionsstellen sind in der Regel gleichzeitig auch Halbtagsstellen.

Wurde die volle Lehrbefähigung in einem Fach (z. B. Psychologie) oder einer Teildisziplin des Fachs (z. B. Klinische Psychologie) durch eine erfolgreich abgelegte Habilitation erlangt, verleihen Universitäten in der Regel den Titel eines Privatdozenten. Von hier aus sollte der Sprung auf eine Professur erfolgen. Je nach Art der Professur wird dann ein eigener Lehrstuhl übernommen oder es erfolgt die Zuordnung der Professur zu einem Lehrstuhl bzw. Institut.

Vielfältige Wege der Hochschulkarriere Neben diesem idealtypischen Verlauf existieren vielfältige Varianten. Bei Fachhochschulkarrieren beispielsweise ist die Praxiserfahrung sehr bedeutsam. Zumeist werden Professuren dort nur an mindestens promovierte Akademiker vergeben, die zwei oder mehr Jahre in einem fachrelevanten Praxisfeld gearbeitet haben (z. B. promovierte Sozialpädagogen, die als Heimleiter tätig waren).

Auch sind Karrieren mit Umwegen, etwa die Aneinanderreihung von Stellen in verschiedenen Projekten, keine Seltenheit. Sollte die Habilitation, ein Unikum der deutschsprachigen Universitätslandschaft, zunehmend an faktischer Bedeutung bei Professuren verlieren, wird dieser Zwischenschritt in Zukunft immer häufiger wegfallen.

Die in Tabelle 1 dargestellten Zahlen verdeutlichen nochmals die oben beschriebene »Eieruhr« wissenschaftlicher Karrieren und zeigen auf, wie groß der Markt potenzieller Stellen im Jahr 2005 war.

Personalgruppe	Insgesamt	Anteil in Prozent
Professoren	37 865	22,8
Dozenten und Assistenten	9 874	6,0
Wissenschaftliche und künstlerische Mitarbeiter	111 343	67,2
Lehrkräfte für besondere Aufgaben	6 655	4,0
Insgesamt	165 737	100,0

Tabelle 1: Anzahl wissenschaftlichen Personals an deutschen Hochschulen (Stand: 2005, Quelle: Statistisches Bundesamt)

Etwas mehr als zwei Drittel wissenschaftlicher Positionen entfallen auf die Kategorie der wissenschaftlichen (und künstlerischen) Mitarbeiter. Lediglich sechs Prozent der Stellen sind durch Dozenten und Assistenten besetzt. Diese Positionen sind zwar nicht gleichbedeutend mit Postdoktorandenstellen; auch unter den wissenschaftlichen Mitarbeitern finden sich promovierte Akademiker. Dennoch fällt der Unterschied zu den Professoren auf. Hier spielt der kumulative Effekt eine Rolle: Während Assistenten und Dozenten in ihrer Position in der Regel sechs Jahre verbleiben, sind Professuren zumeist Lebenszeitstellen. Die Zahl von knapp 38 000 Stellen entspricht also nicht dem tatsächlichen Markt. Gleiches gilt für die vergleichsweise hohe Zahl an wissenschaftlichen Mitarbeitern. Nicht jede dieser Stellen wird als freie Position ausgeschrieben.

Die Anzahl besetzter Stellen ist größer als der tatsächliche Angebotsmarkt.

Karriere- und Lebenswege

Zur Planung einer Karriere in der Wissenschaft gehört nicht nur die Kenntnis der einzelnen Stufen. Es ist auch gut zu wissen, in welchen Lebensabschnitt welche Stufe fällt. So kann die eigene Lebens- und Karriereplanung besser synchronisiert werden.

Karriere- und Lebensplanung abstimmen

Im internationalen Vergleich sind deutsche Akademiker auf den unterschiedlichen Stufen älter als ihre Kollegen aus anderen Ländern. Anhand des Durchschnittsalters in Abbildung 7 wird deutlich, dass deutsche Studierende ihren Abschluss mit etwas über 28 Jahren erwerben. Bei Masterabschlüssen, die als Voraussetzung für eine Promotion gelten, liegt das Durchschnittsalter aufgrund der Umstellung auf das BA-/MA-System derzeit bei knapp 30 Jahren.

Rund fünf Jahre nach dem Hochschulabschluss folgt die Promotion. In Deutschland sind Akademiker dann 33 Jahre alt. In der Karriereplanung rechnet man im Mittel noch einmal sieben Jahre ein, bis die Habilitation abgeschlossen ist und der »Sprung« auf eine Professur erfolgen kann. Von diesen Durchschnittswerten gibt es individuell deutliche Abweichungen. So ist der Ruf auf eine Professur mit 30 bis 35 Jahren durchaus keine Seltenheit mehr. Auch kann es bis zum 35. oder 40. Lebensjahr dauern, bis die Promotion erreicht ist, z. B. weil zwischen Studium und Promotion ein »Abstecher« außerhalb der Wissenschaft vorgenommen wurde. So war Niklas Luhmann, ein bedeutender Soziologe, zum Zeitpunkt seiner Promotion 39 Jahre alt. Und

Wilhelm Conrad Röntgen gelang auch ohne Abitur eine Karriere als Professor und Nobelpreisträger.

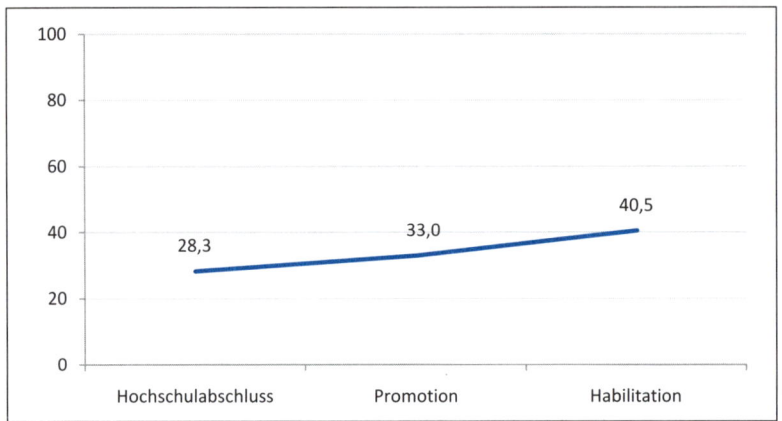

Abbildung 7: Durchschnittsalter beim Erreichen akademischer Abschlüsse (Stand: 2005; Quelle: Statistisches Bundesamt)

Da – wie bereits erwähnt – nach einem akademischen Abschluss häufig auch ein Standortwechsel naheliegt, sollte bei der Planung der eigenen Karriere bedacht werden, in welche biografische Abschnitte der Erwerb der Titel voraussichtlich fällt.

Frauen und wissenschaftliche Karrieren

Wenngleich eine leichte Verbesserung der Situation in Sicht ist, nimmt doch der Anteil an Frauen im Verlauf der wissenschaftlichen Karriere im Vergleich zu den Männern überproportional ab (vgl. Abbildung 8).

Während sich über alle Studienfächer hinweg ein ausgeglichenes Geschlechterverhältnis ergibt, finden sich unter den promovierten Akademikern nur noch knapp vierzig Prozent Frauen. Noch deutlicher wird der Rückgang bei den Habilitationen. Dort sind nur noch knapp ein Viertel Frauen, und von hundert Professuren waren im Jahr 2005 nur etwas mehr als 14 von Frauen besetzt. Werden innerhalb der Professuren nur jene der höchsten Besoldungsstufe betrachtet (2005 war dies die C4-Professur), dann reduziert sich dieser Anteil noch einmal auf neun von 100 Professuren.

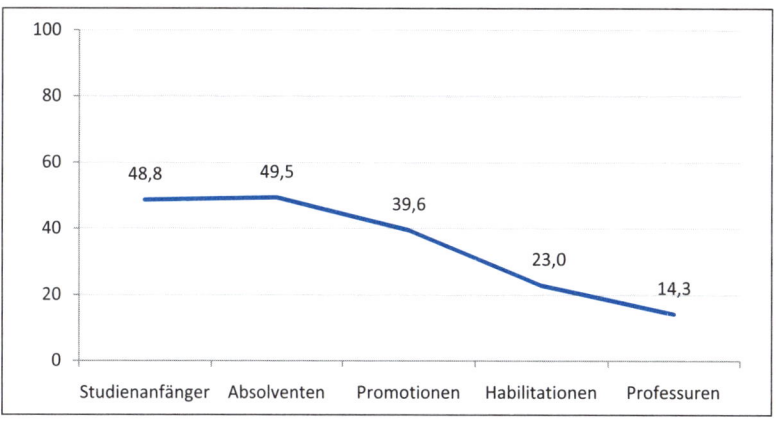

Abbildung 8: Frauenanteil nach wissenschaftlichen Karrierestufen (Stand: 2005; Quelle: Statistisches Bundesamt; Angaben in Prozent)

Deutliche Variationen bestehen hier zwischen den verschiedenen Fachrichtungen. In naturwissenschaftlichen und technischen Fächern liegt der Frauenanteil durchweg niedriger als in den geistes- oder sozialwissenschaftlichen und philologischen Disziplinen.

Unterschiedlicher Frauenanteil in den einzelnen Disziplinen

Märkte und Konkurrenz

Von besonderem Interesse für die Karriereplanung ist die Frage, wie groß der Markt für Stellen ausfällt bzw. welche Konkurrenz um diese Stellen besteht. Verlässliche Zahlen gibt es bislang kaum. Hier helfen jedoch Rahmendaten, die sich aus dem Zusammenspiel statistischen Materials und der in Kapitel 1 dargestellten Studie ergeben.

Im Jahr 2005 verzeichnete das Statistische Bundesamt insgesamt knapp 111 000 Absolventen deutscher Hochschulen mit der (prinzipiellen) Berechtigung zur Promotion. Diese treffen auf einen Markt besetzter Stellen in ähnlichem Umfang. Allerdings drängen nicht alle Absolventen auf eine wissenschaftliche Karriere: So haben im gleichen Jahr knapp 26 000 Personen die Doktorwürde erhalten. Gleichzeitig stehen nicht alle Stellen im wissenschaftlichen Mittelbau zur Wiederbesetzung an.

Anhand von zentralen Stellenbörsen für Positionen in der Wissenschaft und der Angaben der Studienteilnehmer lässt sich abschätzen, dass pro Jahr ca. 6 000 Stellen für Doktoranden neu ausgeschrieben

Jährlich etwa 6 000 neue Doktorandenstellen

werden. Für Postdoktorandenstellen ergibt sich hier eine geschätzte
Zahl von 1 700 Neuausschreibungen.

Zunehmender
Konkurrenzdruck

Dabei nimmt, je höher die Karrierestufe ausfällt, der Konkurrenzdruck zu. In der Onlinebefragung gaben die Teilnehmer an, dass sie im
Durchschnitt auf eine Doktorandenstelle mehr als 14 Bewerbungen
erhalten. Bei Postdoktorandenpositionen sind es bereits über 16 Ge-
suche, und auf eine Professur bewerben sich ca. 38 Aspiranten (vgl. Abbildung 9).

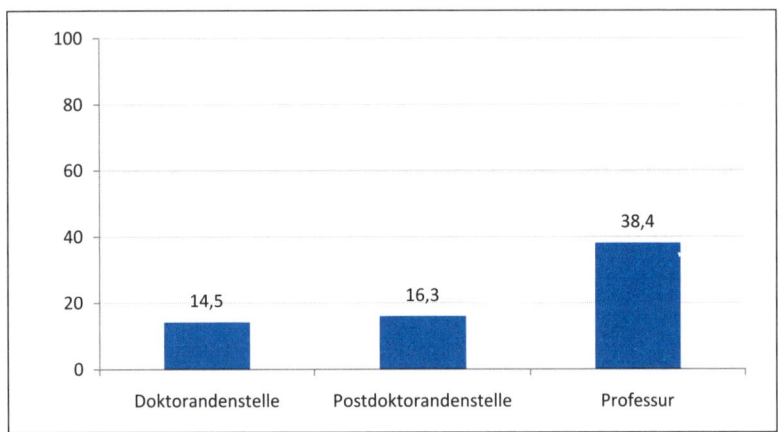

Abbildung 9: Durchschnittliche Zahl eingegangener Bewerbungen nach Art der Stelle

Aus diesen Angaben wird deutlich, dass die Konkurrenz um Stellen im
wissenschaftlichen Bereich nicht unerheblich und eine gut vorbereitete
Bewerbung als wesentlicher Schlüssel für einen erfolgreichen Start
unabdingbar ist.

Es bestehen teilweise auch deutliche Unterschiede zwischen den einzelnen Fachrichtungen, soweit diese in der Studie Berücksichtigung
finden. So ist die Konkurrenz gerade in den Sozialwissenschaften sowie
in den Sprach-, Geistes- und Kulturwissenschaften besonders ausgeprägt (vgl. Abbildung 10).

In diesen beiden Fächern sind es jeweils über 20 Bewerbungen, die
für eine Position eingereicht werden. Etwas entspannter, wenngleich
nach wie vor mit erheblichem Wettbewerb versehen, ist die Lage bei den
Naturwissenschaften, den Volks- und Betriebswirten sowie insbesondere bei den Mathematikern und Ingenieuren. Der Fachkräftemangel
im Bereich des Ingenieurwesens in der Wirtschaft zeigt sich somit auch
an den Hochschulen.

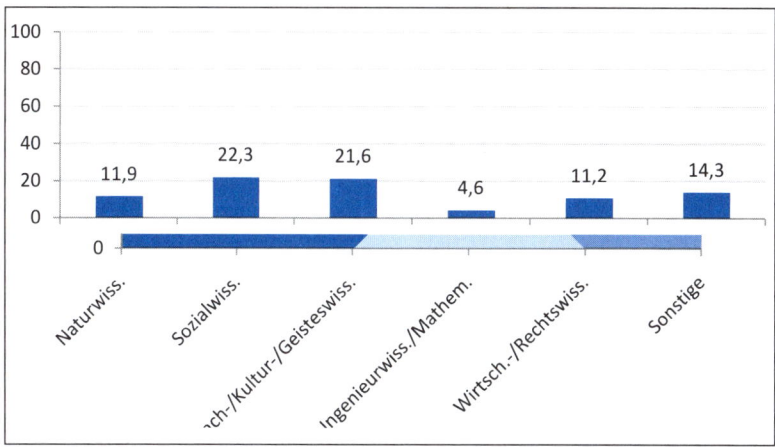

Abbildung 10: Durchschnittliche Anzahl an Bewerbungen auf Doktorandenstellen nach Fachrichtung

Mit Ausnahme der Ingenieure und Mathematiker ergibt sich für alle Bereiche mindestens eine Quote von 10 zu 1, in den Gesellschaftswissenschaften sogar von 20 zu 1. Für Absolventen aller Fachrichtungen ist es aus diesem Grund wichtig, sich innerhalb dieses Wettbewerbs durch eine optimale Bewerbung gut zu positionieren und aus dem Feld der Mitbewerber herauszuragen.

Zusammenfassung

Karrieren in der Wissenschaft erstrecken sich über einen längeren Zeitraum und erfordern von den Bewerbern eine hohe Mobilität und Flexibilität. Wer rechtzeitig plant, kann die eigene Biografie sinnvoll mit den Meilensteinen der akademischen Laufbahn synchronisieren. Gleichzeitig ist es wichtig, sich bei der Wahl der Stellen strategisch zu verhalten, um die Chancen für ein erfolgreiches Durchlaufen der vier Stufen zum Hochschullehrer zu optimieren. Denn: Je höher die angestrebte Position, desto stärker nimmt der Wettbewerb um ausgeschriebene Stellen zu. In einigen Fächern ist der Konkurrenzdruck besonders hoch. Für alle Disziplinen gilt jedoch, die eigene Bewerbung optimal auf die ausgeschriebene Stelle zuzuschneiden und sich selbst ausgezeichnet zu präsentieren.

Wissenschaftliche Stellenangebote finden

Für den Start der eigenen Wissenschaftskarriere und für eine erfolgreiche Bewerbung ist eine sehr gute »Marktforschung« wichtig. Wo werden Stellen ausgeschrieben, welche Einrichtungen sind besonders attraktiv und vor allem: Wo finde ich die verschiedenen Stellenausschreibungen? Es ist wichtig, sich dabei Folgendes vor Augen zu führen:

Stellenangebote zu finden ist keine einmalige Sache. Suchen Sie kontinuierlich nach Stellenangeboten und beenden Sie die Suche erst, wenn Sie einen Vertrag »in der Tasche« haben. Selbst wenn Sie bereits eine Zusage erhalten haben, ist dies keine Garantie, dass Sie die Stelle auch bekommen. Gerade die finanzielle Situation öffentlicher Haushalte und Verwaltungen bringt viele Unwägbarkeiten mit sich. Zudem ist es von Vorteil, wenn Sie durch den Vergleich verschiedener Stellenangebote überlegen können, ob die Ihnen angebotene Stelle Ihren Kompetenzen und Interessen entspricht. Kontinuierliche Stellensuche bis zum Vertragsabschluss

Verlassen Sie sich nicht auf sogenannte Suchagenten bei einschlägigen Jobbörsen. In solchen Suchagenten haben Sie die Möglichkeit, ein Suchprofil zu erstellen, anhand dessen Ihnen automatisiert Stellenangebote per E-Mail zugestellt werden. Dabei können Ihnen aber Stellenangebote entgehen, weil beispielsweise Ihr Suchprofil zu präzise ist oder Sie aus Unkenntnis die falschen Kriterien angegeben haben. Bedenken Sie auch, dass sich der Konkurrenzdruck erhöht, weil Stellenausschreibungen aus Jobbörsen an eine Vielzahl anderer Stellensuchender gehen werden. Suchagenten in Jobbörsen

Beschränken Sie Ihre Suche nicht auf Tageszeitungen. Entweder sind für viele Universitäten Anzeigen für Doktorandenstellen in überregionalen Zeitungen zu teuer. Dann werden Sie dort auch keine passenden Stellenangebote finden. Oder es handelt sich um Doktorandenausschreibungen. Dann wird die Zahl der Bewerbungen auf diese Stellen überdurchschnittlich hoch sein, weil viele Interessenten die Anzeige gelesen haben. Zeitungsannoncen

Machen Sie sich mit der Struktur derjenigen wissenschaftlichen Gesellschaft vertraut, innerhalb der Sie eine Stelle suchen. Suchen Sie beispielsweise eine Stelle in der Fachrichtung Geografie, dann ist es sinnvoll, die Struktur der »geografischen Gesellschaft« zu verstehen. In jeder Strukturen wissenschaftlicher Fachgesellschaften

Disziplin gibt es in der Regel Sektionen, Kommissionen oder Arbeitskreise, die sich mit Teilgebieten oder spezifischen Fragen befassen. Sie können dann besser entscheiden, welche Fachrichtung für Sie infrage kommt. Zudem erfahren Sie über die Webseiten der Dachgesellschaften zumeist, welche Institute und Lehrstühle welcher Sektion angehören. So lernen Sie gleich die wichtigsten potenziellen Arbeitgeber in Ihrem Bereich kennen. Abbildung 11 gibt einen Überblick über die idealtypische Struktur wissenschaftlicher Dachgesellschaften in Deutschland.

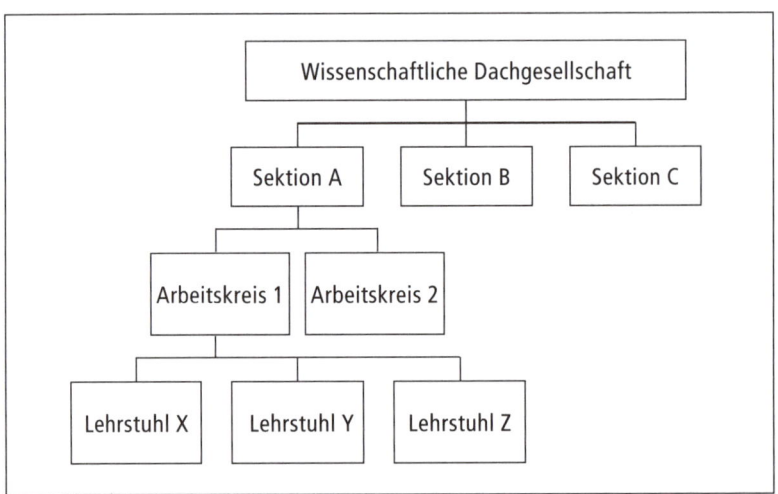

Abbildung 11: Grundstruktur wissenschaftlicher Dachgesellschaften (idealtypisch)

Insgesamt ist es bei der Suche nach Stellenangeboten wichtig, kontinuierlich zu recherchieren, sich dabei auf viele verschiedene Ausschreibungsmedien zu stützen und zu verstehen, wie die betreffende Disziplin organisatorisch aufgebaut ist.

Prioritäten setzen

Neben diesen Leitlinien bei der Suche nach Ausschreibungen gibt es zudem die Möglichkeit, die Recherche mit Prioritäten zu versehen. Dabei wird schnell deutlich, dass eine sehr gute Kenntnis potenzieller Arbeitgeber unablässig ist. Die meisten Stellenausschreibungen im wissenschaftlichen Bereich finden sich nicht in gängigen Jobbörsen oder Zeitungen, sondern direkt auf den Webseiten der einzelnen Institute oder Lehrstühle (vgl. Abbildung 12).

Mehr als drei Viertel der Stellenausschreibungen werden auf diese Weise publik gemacht, sodass für eine gute Recherche der Blick auf die verschiedenen Webseiten unabdingbar ist. An zweiter Position folgt der Versand von Ausschreibungen per E-Mail. Damit sind in der Regel

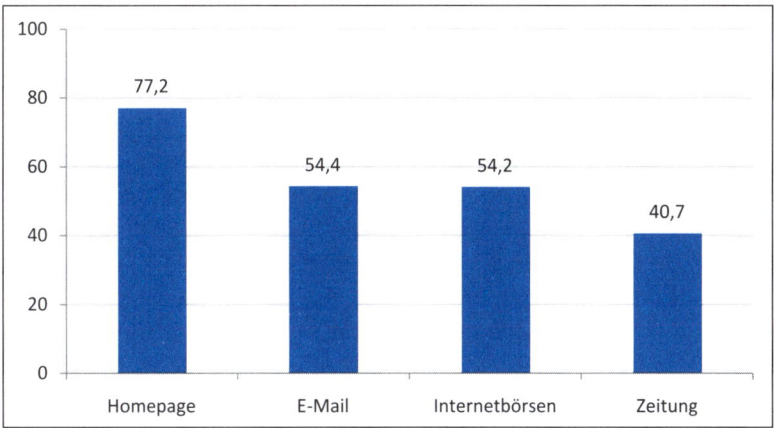

Abbildung 12: Häufigkeit der Veröffentlichung von Stellenangeboten nach Medien (Angaben in Prozent)

E-Mail-Verteiler der wissenschaftlichen Dachgesellschaften oder ihrer Sektionen bzw. Arbeitsbereiche gemeint. Für mehr als jede zweite Stelle wird auf diese Weise geworben. Gleichermaßen häufig finden sich auch Stellenangebote in Internetbörsen; ebenfalls jede zweite Position wird dort inseriert. Erst an vierter Stelle folgt das klassische Format der Zeitungsinserate. Kaum mehr als 40 Prozent der zu vergebenden Positionen werden auf diese Weise der Öffentlichkeit bekannt gemacht.

Erste Schritte für die Suche nach Stellenausschreibungen

1. Stellen Sie sich auf eine kontinuierliche Suche in verschiedenen Medien ein.

2. Machen Sie sich mit der Struktur Ihrer wissenschaftlichen Disziplin vertraut.

3. Überlegen Sie, in welchen Bereichen innerhalb Ihrer Disziplin Sie eine Stelle suchen.

4. Lernen Sie die infrage kommenden wissenschaftlichen Einrichtungen kennen.

Stellenangebote auf Webseiten

In der Wirtschaft gibt es mittlerweile auf vielen Firmenwebseiten eine eigene Rubrik »Jobs« oder »Career«. Dort finden sich mehr oder weniger aktuelle Stellenangebote. Im wissenschaftlichen Bereich hat sich diese Praxis nicht etabliert. Ein Grund dafür ist, dass in den einzelnen

Webseiten werden für Stellenausschreibungen immer wichtiger.

Instituten oder an den Lehrstühlen nicht so häufig Positionen zu vergeben sind wie in Wirtschaftsbetrieben. Dennoch sind viele Stellen mittlerweile auf Webseiten der wissenschaftlichen Einrichtungen ausgeschrieben. Hier müssen Sie manchmal ein wenig suchen – aber die
Mühe lohnt sich. Auf den Webseiten der großen Unternehmen schauen
sich viele Aspiranten um, das erhöht den Konkurrenzdruck. In der Wissenschaft hat sich (noch) nicht herumgesprochen, in welchen virtuellen
Nischen die Stelleninserate zu finden sind.

Promotionsstellen
sind häufig
auf Webseiten
ausgeschrieben.
Gerade für Hochschulabsolventen auf der Suche nach einer Doktorandenstelle ist der Blick auf Webseiten sinnvoll. Insbesondere diese
Doktorandenstellen werden auf der Homepage der Universität oder des
Lehrstuhls annonciert (vgl. Abbildung 13).

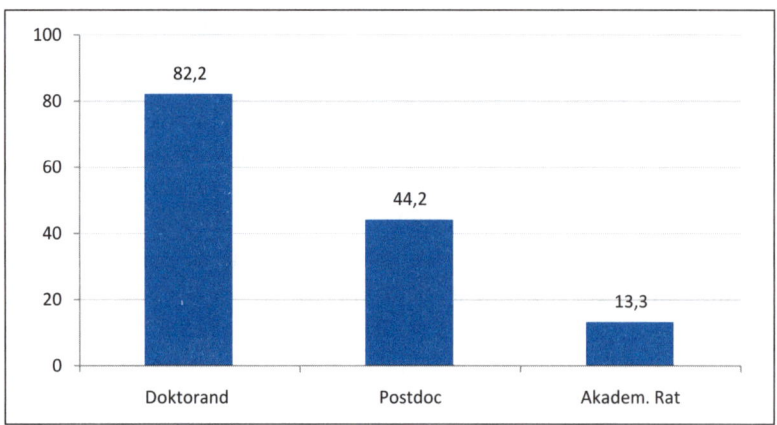

Abbildung 13: Häufigkeit der Stellenausschreibungen auf Webseiten nach Stellenart (Angaben in
Prozent)

Immerhin mehr als vier von fünf Promotionsstellen werden auf diese
Weise inseriert. Postdoktoranden werden bei weniger als jeder zweiten
Stelle auf Webseiten fündig. Positionen als Akademischer Rat werden
nur sehr spärlich auf den Homepages ausgeschrieben.

Die Struktur von
Universitäten
verstehen
Zum besseren Verständnis, auf welchen Ebenen universitärer Webseiten sich die Suche lohnt, ist die Kenntnis universitärer Strukturen
hilfreich. Jede Organisationsebene innerhalb einer Universität hat mittlerweile in der Regel eine Webseite, auf der sich Stellenausschreibungen
finden lassen (vgl. Abbildung 14).

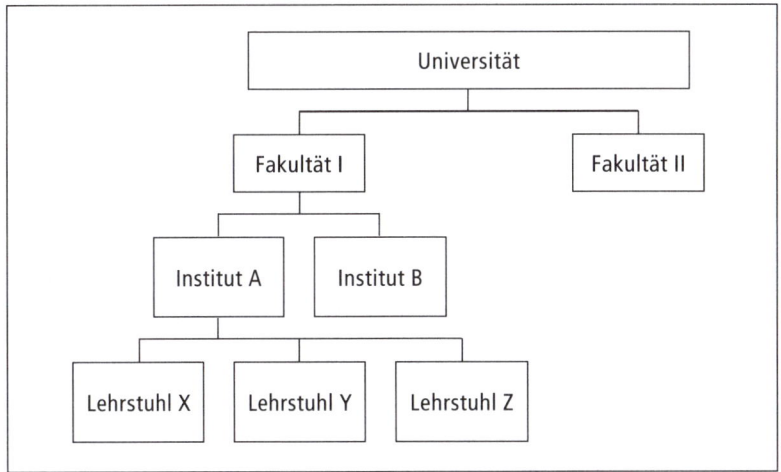

```
                    ┌──────────────────┐
                    │   Universität    │
                    └──────────────────┘
              ┌───────────┴────────────┐
        ┌───────────┐          ┌───────────┐
        │ Fakultät I│          │Fakultät II│
        └───────────┘          └───────────┘
        ┌─────┴─────┐
  ┌──────────┐ ┌──────────┐
  │Institut A│ │Institut B│
  └──────────┘ └──────────┘
  ┌─────┴──────────┴─────┐
┌──────────┐ ┌──────────┐ ┌──────────┐
│Lehrstuhl X│ │Lehrstuhl Y│ │Lehrstuhl Z│
└──────────┘ └──────────┘ └──────────┘
```

Abbildung 14: Grundstruktur universitärer Verwaltungseinheiten (idealtypisch)

In der Regel sind Universitäten in verschiedene Fakultäten untergliedert. Innerhalb dieser Fakultäten (z. B. juristische Fakultät) gibt es häufig Institute (z. B. Institut für Rechtsinformatik), die ihrerseits aus dem Zusammenschluss verschiedener Lehrstühle bestehen (z. B. Lehrstuhl für bürgerliches Recht, Rechtstheorie und Rechtsinformatik). Die Ebene der Institute ist nicht an allen Universitäten und Fachbereichen vorhanden. Einige Universitäten haben sich auch eine moderne Struktur mit der Aufteilung nach sogenannten Departments gegeben. Ein Blick auf die Homepages der verschiedenen Hochschulen zeigt in der Regel unter dem Menüpunkt »Fakultäten« oder »Departments« rasch, wie eine Universität strukturiert ist.

Jede Organisationsebene besitzt zumeist eine eigene Webseite. Stellenangebote können jedoch sehr unterschiedlich verteilt sein. Ist beispielsweise eine Stelle an einem Institut angesiedelt, dann wird sie eher auf der Homepage des Instituts ausgeschrieben sein. Handelt es sich um eine Position, die verwaltungstechnisch direkt an einen Lehrstuhl angebunden ist, liegt es nahe, die Lehrstuhlwebseite zu konsultieren.

> Die Webseiten auf allen universitären Ebenen nach Angeboten durchsuchen

Am Beispiel verschiedener Webseiten lässt sich gut zeigen, wo Stellenangebote zu finden sind. Es empfiehlt sich, jede dieser Ebenen anzuschauen, wenn Stellenangebote eines infrage kommenden Lehrstuhls gesucht werden.

Die verschiedenen Ebenen universitärer Webseiten

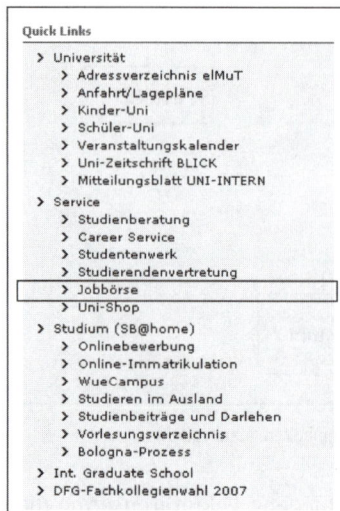

Universitätshomepage. Viele deutsche Universitäten verfügen mittlerweile über eine eigene Seite mit Stellenangeboten aus der gesamten Universität. Diese wird in der Regel direkt auf der Eingangsseite verlinkt – entweder als eigener Menüpunkt oder aber über einen »Quick Link«, wie hier im Fall der Universität Würzburg (http://www.uni-wuerzburg.de).

Der Vorteil solcher Jobbörsen ist, dass über die Universitätsverwaltung laufende Ausschreibungen häufig direkt auch in den Jobbörsen platziert werden.

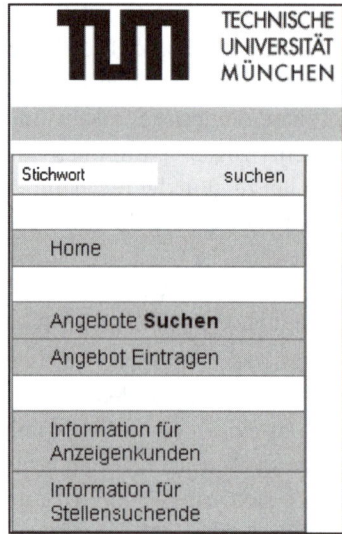

Fakultätshomepage. Zuweilen bieten auch Fakultäten eine eigene Jobbörse an, die sich nicht immer nur auf eigene Angebote beziehen muss. Die Jobbörse der Fakultät für Informatik (TU München; http://www.in.tum.de/mitteilungen/stellenangebote.html.de) enthält z. B. sowohl interne Angebote als auch Angebote von anderen Universitäten und aus der Wirtschaft.

Jobbörse des Instituts für Organische Chemie

Doktoranden- oder Postdoktorandenstelle
> Thema: *Struktur- und Mechanismenaufklärung* .
> Beginn: ab sofort
> Bewerbungsfrist: keine
> Kontakt:
> Weitere Informationen:

Postdoctoral Position in Theoretical Chemistry
> Project titel: *Ab initio Multi-Reference QM/MM Methods*
> Starting date: immediately
> Closing date for applications: none
> Contact:
> Further information:

Ph. D. Position in Organic Chemistry
> Project titel: *Nitrogen-Rich Acenes and their Derivatives*
> Starting date: immediately
> Closing date for applications: none
> Contact:
> Further information:

Institutshomepage. Häufig bieten auch Institute eine eigene Jobbörse an oder hinterlegen in der Rubrik »Aktuelles/ News« Stellenangebote. Entweder enthalten diese Jobbörsen Kurzbeschreibungen (s. Abbildung; http://www. organik.chemie.uni-wuerz burg.de/aktuelles/jobboerse/) mit Verweisen auf Ansprechpartner, oder der gesamte Ausschreibungstext ist hinterlegt.

Aktuelles

Aktuelle Ankündigungen und Neuigkeiten vom Lehrstuhl Empirische Bildungsforschung entnehmen Sie bitte dem nachfolgenden Newsticker. Damit Sie über geänderte Seminar- oder Sprechstundenzeiten informiert sind, besuchen Sie bitte diese Seite in regelmäßigen Abständen.

23.10.2007: Service Learning - Eine neue Form des Lernens und Lehrens
20.09.2007: Stellenausschreibung am LS Empirische Bildungsforschung
13.07.2007: Stellenausschreibung 2 Studentische Hilfskräfte
12.07.2007: Prüfungsmodalitäten
02.07.2007: Stellenausschreibungen am Lehrstuhl Empirische Bildungsforschung

Lehrstuhlhomepage. Zumeist verfügen Lehrstühle über keine eigene Jobbörse oder Rubrik »Jobs/Stellen«. Vielmehr ist die Regel, dass unter dem Menüpunkt »Aktuelles/News« (http://www.bildungs forschung.uni-wuerzburg. de/aktuelles/index.php3) Stellenannoncen zu finden sind.

Das Angebot der verschiedenen Universitäten unterscheidet sich deutlich hinsichtlich der Qualität und Quantität. In jedem Fall ist es aber lohnend, sich die Zeit für die Recherche auf den Webseiten zu nehmen.

Tipps für die systematische Recherche auf Webseiten:

1. Informieren Sie sich über die Webseiten wissenschaftlicher Dachgesellschaften hinsichtlich relevanter Institute und Lehrstühle verschiedener Universitäten.
2. Schauen Sie sich zunächst auf den betreffenden Lehrstuhlseiten nach aktuellen Angeboten um und gehen Sie dann Schritt für Schritt weiter bis hin zur Jobbörse der jeweiligen Universitäten.
3. Finden sich interessante Angebote, dann sollten Sie sich auf der Lehrstuhlwebseite über das Forschungs- und Lehrprofil informieren. So erhalten Sie zusätzlich zum Ausschreibungstext weitere Informationen über mögliche Anforderungen an Ihre Bewerbung bzw. an Ihre Kompetenzen.

Stellenangebote per E-Mail

E-Mail-Verteiler zur Ausschreibung von Stellen

Immerhin jede zweite Stelle wird über E-Mail publik gemacht. Dabei werden häufig E-Mail-Verteiler der Fachgesellschaften oder ihrer Unterabteilungen verwendet. Nahezu jede Fachgesellschaft verfügt über solche E-Mail-Verteiler, in denen die Mitglieder berücksichtigt werden. In manchen Fällen können sich Interessierte auch in den E-Mail-Verteiler eintragen, um aktuelle Informationen (»Newsletter«) zu erhalten.

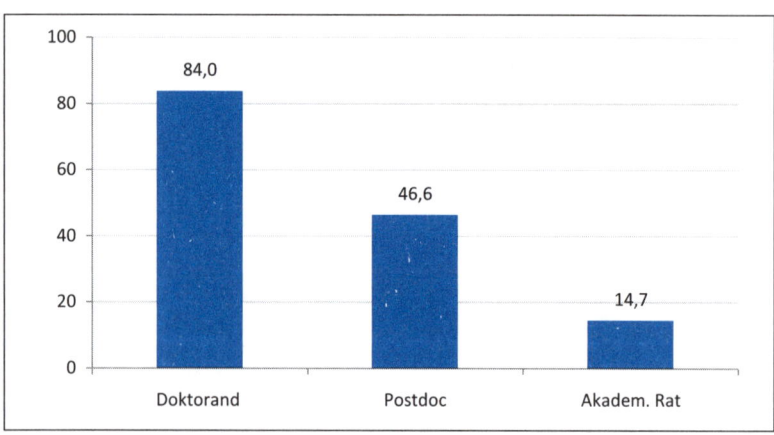

Abbildung 15: Häufigkeit der Stellenausschreibungen per E-Mail nach Stellenart (Angaben in Prozent)

Auch E-Mail-Verteiler sind ein attraktiver Informationspool für Stellen-suchende. Zwar tauchen drei Viertel der Annoncen, die per E-Mail ver-sendet werden, auch auf den o. g. Webseiten auf. Dennoch werden ca. 25 Prozent der Stellen ausschließlich über diesen Weg bekannt ge-macht. Vor allem Absolventen auf der Suche nach einer Promotions-stelle werden einen Großteil der zu vergebenden Positionen hier finden. Immerhin 84 Prozent aller Ausschreibungen werden per E-Mail versen-det.

Allerdings ist es nicht immer ganz einfach, solche E-Mails zu erhal-ten, weil es in der Regel geschlossene Bezugsgruppen gibt. Einige Ge-sellschaften wie die Physikalische Gesellschaft veröffentlichen Stellen-angebote der E-Mail-Verteiler auch auf der eigenen Homepage. Bei anderen hat es sich eingebürgert, offene Stellen via E-Mail an Kollegen zu versenden. Vor allem kleinere Gesellschaften bzw. deren Abteilungen nutzen diesen Weg.

Zwei Möglichkeiten, in E-Mail-Verteiler aufgenommen zu werden

1. Nehmen Sie Kontakt zur geschäftsführenden Einrichtung der Gesellschaft auf. Kontaktdaten sind in der Regel auf den Webseiten hinterlegt. Fragen Sie dort an, ob es eine Möglichkeit gibt, in den E-Mail-Verteiler aufgenommen zu wer-den bzw. welche Möglichkeiten bestehen, Stellenausschreibungen zu erhal-ten.
2. Bitten Sie einen Hochschullehrer Ihrer Universität, Ihnen Stellenausschreibun-gen weiterzuleiten. Fragen Sie dabei auch nach, aus welchen Sektionen der Dachgesellschaft der Hochschullehrer E-Mail-Angebote erhält.

Auch wenn der Aufwand hier etwas größer sein wird, so kann es sich durchaus lohnen, in diesen »internen« Stellenmarkt Einblick zu erhal-ten.

Stellenangebote in Internetbörsen

Insgesamt etwas mehr als die Hälfte aller Ausschreibungen finden ihren Weg in Internetjobbörsen. Damit stellen diese Jobbörsen zwar nicht den wichtigsten Zugang zu Inseraten im wissenschaftlichen Bereich dar. Allerdings gibt es Stellen, die ausschließlich in Jobbörsen zu finden sind. So werden 76 Prozent der Stellenangebote in Jobbörsen auch auf Webseiten veröffentlicht und immerhin nur 58 Prozent werden gleich-

Zusätzliche Stellen in Job-börsen finden

zeitig auch per E-Mail verschickt. Das bedeutet, es gibt einen nicht unerheblichen Anteil an Ausschreibungen, die Sie exklusiv in Jobbörsen finden.

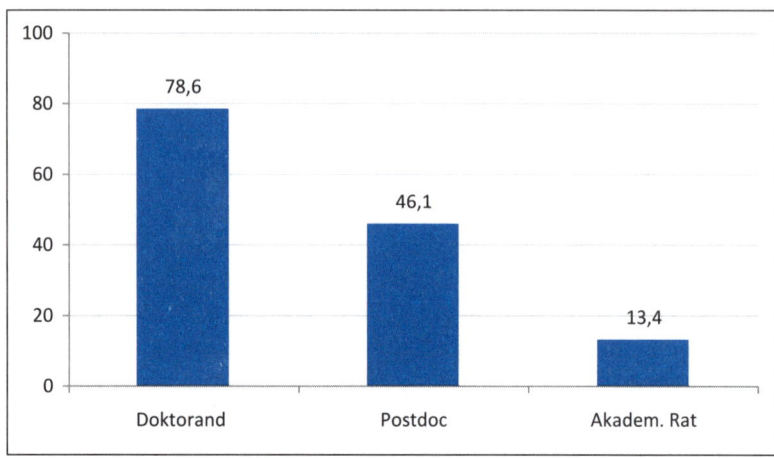

Abbildung 16: Häufigkeit der Stellenausschreibungen über Internetjobbörsen nach Stellenart (Angaben in Prozent)

Auch bei Internetjobbörsen zeigt sich, dass vorrangig Doktorandenstellen annonciert werden. Positionen nach der Promotion werden knapp zur Hälfte über dieses Medium bekannt gemacht. Gemäß der Gesamtanzahl der Ausschreibungen Akademischer Ratsstellen ist auch bei Jobbörsen dieser Anteil eher gering.

Für einen effizienten Zugang zu Stelleninseraten in Jobbörsen ist es wichtig, die unterschiedlichen Arten von Jobbörsen zu kennen.

Arten von Jobbörsen

Allgemeine Jobbörsen. Hierzu zählen Portale wie jobpilot.de, monster.de etc., die sich vorrangig an Stellensuchende im Bereich der Wirtschaft richten. In der Regel besitzen diese Portale aber einen speziellen Bereich für die Vermittlung wissenschaftlicher Stellen. Aufgrund der geringeren Bedeutung wissenschaftlicher Stellenvermittlung sind Suchmasken häufig nicht so differenziert und präzise wie bei den anderen Varianten. Kostenlose Newsletter sind hier die Regel, das Gleiche gilt für automatisierte »Suchagenten«. Mittels solcher Suchagenten lässt sich ein eigenes Suchprofil erstellen. Passende Stellenangebote werden dann regelmäßig per E-Mail an Sie gesendet.

Akademische Jobbörsen. Im Gegensatz zu den allgemeinen Portalen richten sich akademische Börsen gezielt nur an Stellensuchende in Wissenschaft und Forschung. Marktführer dürfte hier das Portal academics.de sein, das in Kooperation mit der Wochenzeitung »Die Zeit« angeboten wird. Solche akademisch orientierten Portale bieten differenziertere Suchkriterien und ebenfalls einen Newsletter sowie Suchagenten.

Fachspezifische Jobbörsen. Die meisten Disziplinen verfügen über eigene Jobbörsen, die über die Webseiten der Fachgesellschaften erreichbar sind (z. B. Informatik). Oder aber externe Anbieter haben den Markt für die Vermittlung von Stellen erkannt und bieten für Inserenten kostenpflichtige Portale an (beispielsweise die Jobbörse »psychjob« für Psychologen). Zuweilen werden fachspezifische Jobbörsen aber auch kostenlos von gemeinnützigen Trägern oder universitären Einrichtungen angeboten (beispielsweise bildungsserver.de für Stellen im pädagogischen und wissenschaftlichen Bereich).

Blenden Sie bei Ihrer Suche keine dieser Jobbörsen aus. Der Aufwand einer Recherche ist vergleichsweise gering, sodass Sie alle drei Varianten für Ihre Stellensuche nutzen sollten.

Dennoch kann die Suche strukturiert werden, in dem Sie mit den wichtigsten Portalen beginnen. Dies sind zweifellos die fachspezifischen Portale. Mehr als ein Drittel aller Stellenangebote, die in Internetjobbörsen veröffentlicht werden, sind in fachspezifischen Portalen zu finden (vgl. Abbildung 17).

Stellensuche systematisch mit den wichtigsten Portalen beginnen

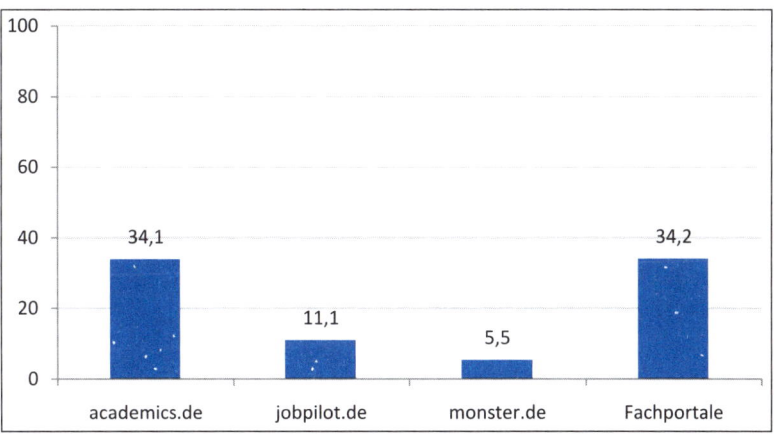

Abbildung 17: Ausschreibungen in Internetjobbörsen nach Portalen (Angaben in Prozent aller Ausschreibungen über Jobbörsen)

In vergleichbarem Umfang wird das Portal academics.de genutzt. Ebenfalls ein Drittel aller auf Internetportalen veröffentlichten Angebote sind dort zu finden. Deutlich weniger Bedeutung besitzen die allgemeinen Portale. Hier sind jobpilot.de und monster.de die wichtigsten Zugänge zu Stellenannoncen.

Stellenanbieter inserieren selten in allen Jobbörsen.

Ein regelmäßiger Blick in alle drei Portale empfiehlt sich schon deshalb, weil Stellenanbieter sich häufig auf eine der Varianten konzentrieren. Nur ein Viertel aller Angebote wird z. B. in academics.de und dem fachspezifischen Portal veröffentlicht. Zudem sind Portale wie academics.de allein aus Kostengründen häufig für einzelne Ausschreibungen (wie z. B. einer Doktorandenstelle in einem Forschungsprojekt) nicht attraktiv. Dort finden sich häufiger Stipendienprogramme oder Graduiertenkollegs, die über die notwendigen finanziellen Mittel zur Veröffentlichung verfügen.

Tipps für die Suche in Internetjobbörsen

1. Überlegen Sie genau, wie konkret Sie Ihr Suchprofil für den Suchagenten anlegen bzw. wie Sie Ihre aktive Suche formulieren. Je mehr Kriterien Sie für Ihr Profil wählen, desto höher ist die Wahrscheinlichkeit, dass Ihnen Stellenangebote entgehen. Bleiben Sie lieber allgemein und investieren Sie mehr Zeit für das Durchsehen der dann eingehenden Angebote.
2. Verlassen Sie sich nicht nur auf Ihren Suchagenten, der Ihnen per E-Mail Stellenangebote aus der Datenbank des Portals zusendet. Zuweilen werden diese E-Mails zeitlich verzögert verschickt, weil erst einmal gesammelt wird. Auch können Sie aus Unkenntnis interessanter Profilkriterien in die falsche Richtung suchen. Verlassen Sie sich dann nur auf den Suchagenten, entgehen Ihnen u. U. wichtige Inserate.
3. Schauen Sie regelmäßig auf die Seiten der Portale. Dort findet sich zuweilen ein interessanter Bericht zu Bewerbungen und Bewerbungsstrategien. Ferner können Sie mit einer aktuellen Suche zeitnah Ausschreibungen finden und darauf reagieren.

Stellenangebote in Zeitungen

Zeitungen enthalten zumeist Ausschreibungen für höhere Stellen.

Es sind im Durchschnitt nur knapp 40 Prozent der Stellenofferten, die ihren Weg in den Anzeigenteil von allgemeinen Zeitungen finden. Etwas über 30 Prozent landen darüber hinaus auch in Fachjournalen. Dabei handelt es sich häufig aus Kostengründen vermehrt um Professuren oder Postdoktorandenpositionen, Graduiertenkollegs oder Stipendienprogramme. Zwei Drittel des Markts für Zeitungen werden dabei von der Wochenzeitung »Die Zeit« abgedeckt. Unter den Fachzeitschriften sind insbesondere »Forschung & Lehre« (11,1% aller Anzeigen in Fachjournalen) und die fachspezifischen Journale der einzelnen wissenschaftlichen Dachgesellschaften (18,6%) zu nennen.

Da Inserate in der »Zeit« sowie in »Forschung & Lehre« in der Regel deckungsgleich mit denen der Jobbörse »academics.de« sind, weil wechselseitige Kooperationen bestehen, ist der Zugewinn hier nicht so groß. Anders sieht es bei den Fachjournalen aus. Hier lohnt es sich, einen Blick in das Journal des eigenen Faches zu werfen, um einen Eindruck von den dort inserierten Stellen zu erhalten. Da die Universitätsbibliotheken in der Regel über ein Exemplar dieser Fachjournale verfügen (z. B. »Physik Journal« der Deutschen Physikalischen Gesellschaft), ist dies ein kostenneutraler und unkomplizierter Zugang zu der Fachzeitschrift, die Sie interessiert.

Fachjournale kostenlos in Bibliotheken einsehen

Tipps für die Recherche in Zeitungen

1. Kaufen Sie sich ein Exemplar Ihrer lokalen Tageszeitung mit dem ausführlichen Stellenmarkt (in der Regel die Samstags- oder Wochenendausgabe). Prüfen Sie, ob Universitäten der Umgebung in diesen Zeitungen inserieren.
2. Verschaffen Sie sich einen Eindruck vom Stellenmarkt in dem Fachjournal Ihrer Disziplin. Vergleichen Sie die darin annoncierten Stellen mit jenen der Internetjobbörsen der Fachgesellschaft. Finden sich im Fachjournal andere oder gar mehr Offerten, lohnt sich dessen regelmäßige Lektüre. Da Fachjournale aber häufig quartalsweise erscheinen, sollten Sie Ihre Recherche auf der Homepage des Fachjournals kontinuierlich fortsetzen.
3. Prüfen Sie durch Bezug überregionaler Tages- und Wochenzeitungen, ob sich dort für Sie passende Inserate finden. Insbesondere Graduierten- und Stipendienprogramme werden in diesen Medien inseriert und können ggf. von Interesse für Sie sein.

Zusammenfassung

Stellenangebote im wissenschaftlichen Bereich sind weit gestreut. Neben klassischen Inseratsformen in Printmedien sind dabei insbesondere Stellenangebote auf den Webseiten von Lehrstühlen und Instituten sowie den Fachportalen der wissenschaftlichen Dachgesellschaften von Bedeutung.

Gerade Doktorandenstellen werden häufig über diese kostengünstigen Distributionskanäle veröffentlicht. Da die Stellenangebote zumeist nicht gleichermaßen in allen Medien zu finden sind, empfiehlt es sich bei der Stellensuche, alle Zugänge zu Stellenofferten intensiv zu nutzen. Wichtig ist dabei eine kontinuierliche, nicht nur sporadische Suche nach Anzeigen.

Hilfreich für die Suche ist zudem, sich mit den Strukturen der Universitäten und des eigenen Faches gut vertraut zu machen, um zielorientiert Stellenangebote finden zu können.

Weitere Informationen

Wissenschaft, Karriere & Forschung

http://www.hochschulkarriere.de
Portal rund um Promotion, Habilitation und Hochschulkarrieren

http://forschungsportal.net/
Recherche zu Forschungsprojekten in Deutschland

http://www.che-ranking.de
Ranking deutscher Hochschulen

Wissenschaftliche Fachgesellschaften

http://de.dir.yahoo.com/Forschung_und_Wissenschaften/Organisationen/
Links zu vielen wissenschaftlichen Fachgesellschaften

Jobbörsen

http://www.fh-mainz.de
Linksammlung zu Jobbörsen der Fachhochschule Mainz

http://linksammlungen.zlb.de/
Linksammlung zu Jobbörsen der Zentral- und Landesbibliothek Berlin

http://www.jobworld.de/
Meta-Suchmaschine zur gleichzeitigen Recherche in verschiedenen Jobbörsen

Initiativbewerbungen

Eine weitere Möglichkeit, sich auf dem Stellenmarkt zu positionie-ren, ist eine Initiativbewerbung. Dabei werden unabhängig von Stellenangeboten Bewerbungsunterlagen an mögliche Arbeitgeber ge-sandt. In der Wirtschaft ist dies mittlerweile eine etablierte Bewerbung-spraxis. Im wissenschaftlichen Kontext treten Initiativbewerbungen eher selten auf.

Hierfür gibt es mehrere Gründe. Zum einen werden in der Wis-senschaft häufig Stellen in Forschungsprojekten ausgeschrieben. For-schungsprojekte verlangen jeweils spezifische Kompetenzen; Generalis-ten sind hier seltener gefragt. Das bedeutet, dass Projektleiter erst nach Bewilligung eines Projekts konkret wissen, welche Anforderungen sie an Bewerber stellen müssen.

Zum anderen gibt es in der Wissenschaft keine »Bewerberdaten-bank«, wie dies bei großen Wirtschaftsunternehmen häufig der Fall ist. In einer solchen Datenbank werden die Profile von (Initiativ-) Be-werbern hinterlegt, und Abteilungen können bei einer zu besetzenden Stelle diese Datenbank nach geeigneten Kandidaten durchsehen.

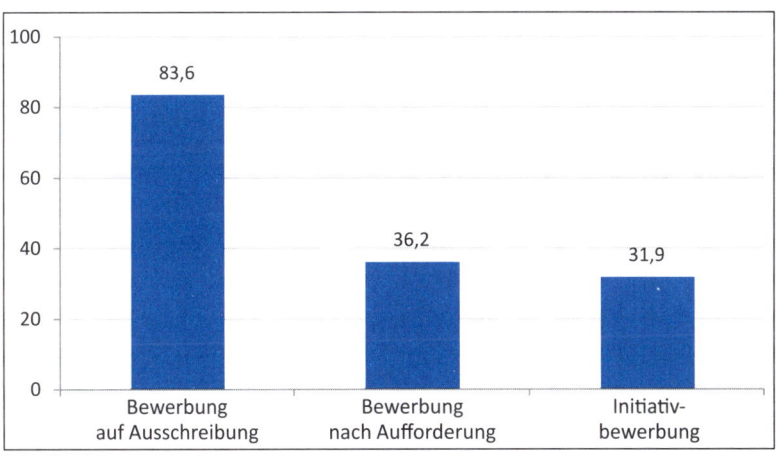

Abbildung 18: Gewünschte Bewerbungsart (Angaben in Prozent; Mehrfachnennungen möglich)

Diese Gründe führen u. a. dazu, dass Initiativbewerbungen im Vergleich zu Bewerbungen auf ausgeschriebene Stellen in der Wissenschaft weniger Anklang finden. Knapp ein Drittel der Befragten gab in der Studie an, dass sie (auch) Initiativbewerbungen begrüßen würden (vgl. Abbildung 18).

Die Mehrzahl der Bewerbungen soll vielmehr auf konkrete Ausschreibungen hin erfolgen. Rund ein Drittel wird wiederum nur dann beachtet, wenn Bewerber ausdrücklich vom zukünftigen Chef aufgefordert werden, sich zu bewerben.

Dies bedeutet, dass die Bewerbung auf eine Ausschreibung der übliche Weg ist, auf dem beide Seiten zusammenkommen. Mit Initiativbewerbungen sollte deshalb eher sparsam umgegangen werden.

Gleichzeitig ergeben sich deutliche Unterschiede zwischen den einzelnen Fachrichtungen (vgl. Abbildung 19).

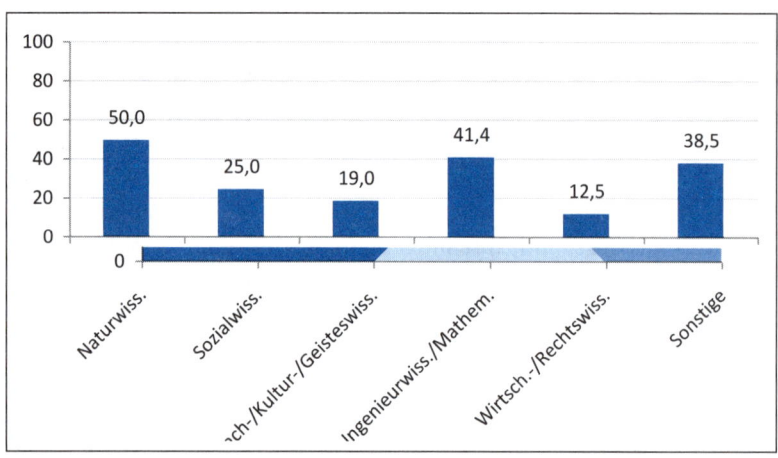

Abbildung 19: Befürwortung von Initiativbewerbungen nach Fachrichtung (Angaben in Prozent)

Besonders in den Naturwissenschaften sowie in den Ingenieurwissenschaften und in der Mathematik werden Initiativbewerbungen begrüßt. Die Sozial- und Geisteswissenschaften sind hier zurückhaltender. Ein wesentlicher Grund für die größere Offenheit gegenüber Initiativen von Bewerbern in den mathematisch-naturwissenschaftlichen Fächern liegt in dem dort bestehenden Fachkräftemangel. Wie aufgezeigt, bewerben sich in diesen Fächern im Durchschnitt deutlich weniger Aspiranten.

In jeder Disziplin gibt es ein paar Grundregeln, die bei dieser besonderen Bewerbungsform hilfreich sind.

Tipps für eine Initiativbewerbung

1. Überlegen Sie, ob sich in Ihrem Fach eine Initiativbewerbung lohnen wird oder nicht. Bei dieser Einschätzung helfen Ihnen die Ergebnisse in Abbildung 19. Erkundigen Sie sich bei einem Ihrer Hochschullehrer oder seinen Mitarbeitern nach deren Einschätzung. Sie kennen in der Regel ihre »Scientific Community« und haben eine Vorstellung davon, ob ein solcher Schritt lohnend ist.

2. Schauen Sie sich auf den Webseiten möglicher Arbeitgeber um. Suchen Sie insbesondere nach Forschungsprojekten und der bereits am Lehrstuhl vorhandenen Anzahl an Stellen. Je größer eine Einrichtung ist und je mehr Forschungsprojekte dort durchgeführt werden, desto häufiger sind Stellenausschreibungen und Personalfluktuationen zu erwarten. Dann kann eine Initiativbewerbung eventuell »im richtigen Moment« kommen bzw. Lehrstuhlinhaber greifen bei einer rasch zu besetzenden Stelle auf Initiativbewerbungen zurück.

3. Falls Sie unsicher sind, ob eine Initiativbewerbung vielleicht mehr schadet als nutzt, fragen Sie bei den betreffenden Einrichtungen freundlich an. Eine Befürwortung Ihrer Bewerbung bedeutet nicht, dass diese auch Beachtung findet. Bei einem dezidierten »Nein« sollten Sie auf eine Initiativbewerbung auf jeden Fall verzichten.

4. Im Falle einer gewünschten Bewerbung ist es wichtig, dass Sie Ihre Unterlagen auf das Profil der Einrichtung abstimmen. Da Ihnen keine Stellenausschreibung vorliegt, auf die Sie reagieren können, müssen Sie mögliche Kompetenzanforderungen dem Lehrstuhlprofil und den dort angesiedelten Forschungsvorhaben anpassen.

5. Stellen Sie sicher, dass Sie in Ihrer Bewerbung jene Kompetenzen hervorheben, die über die verschiedenen Aktivitäten einer Einrichtung hinweg immer wieder auftauchen. Sie suchen also im Grunde den kleinsten gemeinsamen Nenner innerhalb der erforderlichen Kompetenzen (beispielsweise quantitative Methoden der Sozialforschung an einem Lehrstuhl für Statistik).

6. Weisen Sie in Ihrem Anschreiben explizit darauf hin, dass es sich um eine Initiativbewerbung handelt. So vermeiden Sie Verwirrung. Begründen Sie Ihre Motivation, warum Sie sich ohne konkreten Anlass an einem Institut oder Lehrstuhl bewerben.

7. Informieren Sie sich, wer Ihr Ansprechpartner ist. An Lehrstühlen entscheiden in der Regel die Lehrstuhlinhaber. Dann sollten Sie die Bewerbung direkt an den Lehrstuhlinhaber adressieren. In Instituten handelt es sich häufiger um kollegiale Entscheidungen. Richten Sie Ihr Schreiben dann an den Geschäftsführer bzw. den Vorstand des Instituts.

8. Vermeiden Sie auf jeden Fall Massenschreiben oder Sammel-E-Mails. Wie bei einer Bewerbung auf eine Stellenausschreibung auch müssen Sie Ihr Kompetenzprofil möglichst eng an die Anforderungen einer Institution koppeln. Außerdem sind solche »Rundumschläge« kein guter Stil und sprechen sich schnell innerhalb der Mitglieder eines Fachgebietes oder Forschungsbereichs herum.

Zusammenfassung

Initiativbewerbungen kommen in der Wissenschaft eher selten vor, können aber bei gezieltem und sparsamem Einsatz auch zum Ziel führen. Vor allem im mathematisch-naturwissenschaftlichen Bereich sollten Initiativbewerbungen im Einzelfall in Erwägung gezogen werden. Die Beachtung einiger Regeln hilft, durch eine Initiativbewerbung zum Erfolg zu kommen.

Weitere Informationen

Recherchieren Sie im Internet Artikel zum Thema »Initiativbewerbung«. Die Tipps, die Sie dort finden, gelten in der Regel auch für Initiativbewerbungen in der Wissenschaft.

Ablauf wissenschaftlicher Bewerbungsverfahren

Bei einer optimalen Bewerbung geht es nicht nur um das richtige Anschreiben oder die Gestaltung von Bewerbungsunterlagen. Eine Bewerbung ist immer ein Prozess, in dem mehrere Schritte durchlaufen werden. Gleich am Beginn dieses Prozesses gilt es, die eigene Bewerbung so zu gestalten, dass die einzelnen Phasen für den Arbeitgeber einen roten Faden ergeben.

Bewerbung als Prozess

Es macht einen schlechten Eindruck, wenn Sie im Anschreiben beispielsweise die englischsprachige Kompetenz hervorheben und im Vorstellungsgespräch deutlich wird, dass Ihre Kenntnisse nicht dem versprochenen Niveau gerecht werden.

Auf den roten Faden achten

Zur Vermeidung solcher Fehler hilft eine Übersicht über die einzelnen Bewerbungsschritte und die Kenntnis der Wahrscheinlichkeit ihres Auftretens.

Drei Phasen wissenschaftlicher Bewerbungen

Phase 1 – Vier Augen sehen mehr als zwei
Stellenausschreibungen richtig interpretieren

Mit Ausnahme von Initiativbewerbungen (vgl. das Kapitel »Initiativbewerbungen«) startet jeder Bewerbungsprozess mit einer Stellenausschreibung. Diese Ausschreibungen sind jedoch bezüglich des erwarteten Qualifikationsprofils nicht immer eindeutig. In dieser Phase gilt es, möglichst viele Informationen über die ausgeschriebene Stelle zu sammeln. Lesen Sie eine Stellenausschreibung deshalb möglichst nicht allein. Holen Sie eine zweite oder dritte Meinung dazu ein, welche Kompetenzen in Ihrer Bewerbung besonders betont werden sollten.

Phase 2 – Papier ist äußerst geduldig
Bewerbungsunterlagen zusammenstellen

In dieser Phase geht es darum, die Bewerbungsunterlagen für eine ausgeschriebene Stelle zusammenzustellen. Neben Standards wie Anschreiben, Lebenslauf und Urkunden- bzw. Zeugniskopien kommen hier u. U. noch Empfehlungsschreiben oder eigene Publikationen hinzu. Wesentlich in dieser Phase ist, die Bewerbung möglichst gut auf die ausgeschriebene Stelle »zuzuschneiden« und gleichzeitig die Authentizität Ihrer Person kenntlich zu machen.

Phase 3 – Schuhe putzen
Vorstellungsgespräch führen

Der persönliche Kontakt zum eventuellen Arbeitgeber ist nach den Bewerbungsunterlagen der wichtigste Türöffner. Hier werden Ihre Angaben in den Bewerbungsunterlagen auf den Prüfstand gestellt. Frisch geputzte Schuhe mögen hier hilfreich sein, besonders wichtig ist jedoch, dass Ihr zukünftiger Chef Sie in Ihren Bewerbungsunterlagen wiederfindet.

Nicht immer gleichen sich die Bewerbungsphasen. Bewerbungsverfahren schließen jede dieser Phasen ein, sowohl innerhalb als auch außerhalb des wissenschaftlichen Betriebes. Allerdings werden innerhalb der Phasen 2 und 3 unterschiedliche Gewichtungen vorgenommen.

Bewerbungsunterlagen

Während nahezu jeder Stellenausschreibende Bewerbungsunterlagen wünscht, möchten nicht alle gleichermaßen ein Empfehlungsschreiben oder Ihre Publikationen darin vorfinden (vgl. Abbildung 20).

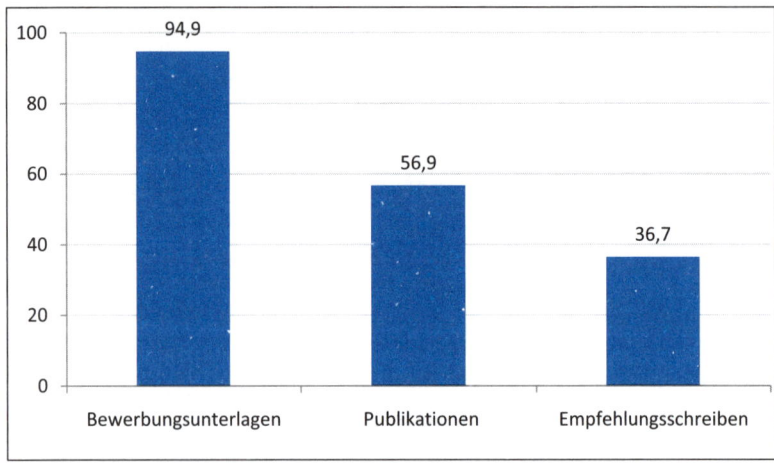

Abbildung 20: Gewünschte Unterlagen (Angaben in Prozent)

Mehr als die Hälfte wünscht sich, dass Publikationen direkt mit den Bewerbungsunterlagen eingereicht werden. Dies bezieht sich jedoch zumeist auf Positionen nach der Promotion. Falls im Ausschreibungstext nicht ausdrücklich Publikationen gewünscht sind, informieren Sie sich unbedingt vorab, ob eigene Veröffentlichungen den Bewerbungsunterlagen beigelegt werden sollen.

Nachfragen, welche Unterlagen gewünscht sind

Gleiches gilt für Empfehlungsschreiben. Etwas mehr als ein Drittel der Ausschreibenden legt Wert auf Empfehlungsschreiben von Kollegen. Kaum ein Ausschreibungstext weist hierauf ausdrücklich hin. Eine kurze telefonische Nachfrage, ob solche Dokumente gewünscht sind, ist also hilfreich.

Empfehlungsschreiben geben nicht nur Auskunft über Ihre Qualifikationen. Auch spielt eine wesentliche Rolle, wer das Schreiben für Sie verfasst hat. Zuweilen kann es sein, dass der Empfehlende unter Kollegen nicht hoch angesehen ist. Ihre Bewerbungschancen können sich dann unabhängig von Ihren tatsächlichen Kompetenzen mindern.

Empfehlungsschreiben mit Bedacht einsetzen

Tipps für das Empfehlungsschreiben

Empfehlungsschreiben sind keine Zeugnisse. Sie beruhen also nicht notwendigerweise auf Ihren Arbeitsleistungen. Sie stellen vielmehr eine Einschätzung Ihrer Studienleistungen durch Hochschullehrer dar. Auch sind Hochschullehrer – im Unterschied zu Arbeitgebern in der Wirtschaft – nicht verpflichtet, Ihnen ein Empfehlungsschreiben auszustellen.

Glaubwürdige Propheten. Ein Empfehlungsschreiben ist besonders förderlich, wenn der Empfehlende über eine gute wissenschaftliche Reputation verfügt. Wählen Sie also für dieses Schreiben nach Möglichkeit einen Hochschullehrer aus, der über einen solchen »guten Ruf« verfügt. Zwei Auswahlkriterien für Sie können die Anzahl an Publikationen und die Anzahl von Forschungsprojekten sein.

Titel machen Leute. Sicherlich sind auch Doktoranden und Assistenten bereit, Empfehlungsschreiben zu verfassen. Für eine Bewerbung ist es jedoch hilfreicher, ein solches Schreiben bei einem Professor einzuholen.

Erst die Arbeit, dann die Anfrage. Machen Sie sich vorab Gedanken darüber, was aus Ihrer Sicht in dem Empfehlungsschreiben enthalten sein sollte. So können Sie Ihre Anfrage an einen Hochschullehrer präzise formulieren und erleichtern dem Empfehlenden durch eine Stichwortliste das Verfassen des Schreibens.

Wer forschen kann, ist klar im Vorteil. Legen Sie Wert auf die Feststellung Ihrer wissenschaftlichen Kompetenzen und Ihrer Eignung für eine Forschungsposition. Zusätzliche Informationen über Ihre sozialen Kompetenzen etc. sind zwar durchaus hilfreich; die besten Argumente besitzen Sie jedoch, wenn Ihnen aufgrund Ihrer Studienleistungen eine ausgezeichnete Befähigung zum wissenschaftlichen Arbeiten attestiert wird.

Drum prüfe, wer es sendet. Lesen Sie das Empfehlungsschreiben aufmerksam, geben Sie es auch anderen Personen zur Lektüre. Ist das Empfehlungsschreiben wenig aussagekräftig oder nicht passend für ein Stellenangebot, dann verzichten Sie besser darauf, es mit den Bewerbungsunterlagen einzureichen.

Nichts ist älter als Empfehlungen von gestern. Sollte sich Ihre Bewerbungsphase über einen längeren Zeitraum erstrecken, dann fragen Sie nach einem aktualisierten Empfehlungsschreiben mit neuestem Datum. Gleiches gilt, wenn Sie nach Beendigung eines Arbeitsverhältnisses erneut auf Jobsuche gehen. Verwenden Sie dann besser ein Schreiben jüngeren Datums.

Vorstellungsgespräch

Vorstellungsgespräche sind in Bewerbungsverfahren Standard. Bei nahezu jeder Stellenbesetzung wird dieser Schritt durchlaufen (vgl. Abbildung 21).

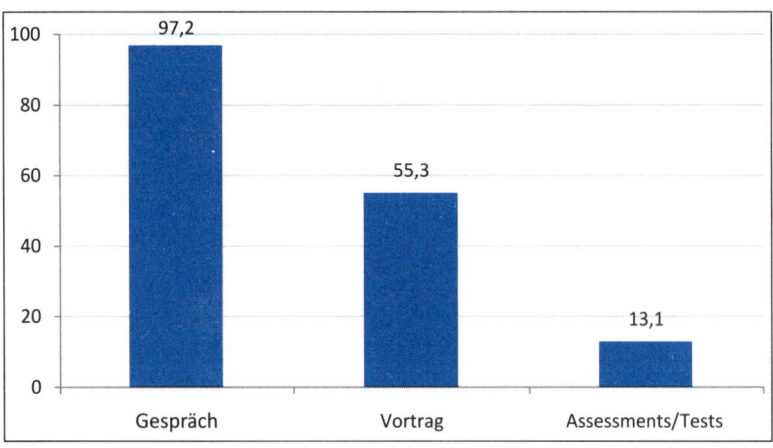

Abbildung 21: Elemente des Bewerbungsgesprächs (Angaben in Prozent)

Bei mindestens jeder zweiten Stelle kommt zu dem Gespräch noch das Halten eines Fachvortrages hinzu. In der Regel werden Bewerbungsgespräche so organisiert, dass zunächst der Fachvortrag gehalten und im Anschluss das persönliche Gespräch geführt wird. Gelegentlich wird der Gegenstand des wissenschaftlichen Vortrags vorgegeben, in der Regel kann das Thema aber frei gewählt werden.

Fachvortrag als Teil des Bewerbungsgesprächs

In Ausnahmefällen umfasst das Verfahren auch das Absolvieren eines Assessment-Centers oder eines Einstellungstests. Dies ist offenbar vermehrt in den ökonomischen und juristischen Fächern der Fall, kann aber auch dort eher als Ausnahme gelten.

Assessments bilden die Ausnahme.

Zusammenfassung

Der Bewerbungsprozess umfasst insgesamt drei Phasen. An die Recherche nach passenden Stellenangeboten schließt sich das Zusammenstellen der Bewerbungsunterlagen an. Hierbei sollte nachgefragt werden, ob Publikationen und/oder Empfehlungsschreiben gewünscht sind. Den letzten Schritt bildet das Bewerbungsgespräch, das nicht selten um einen Fachvortrag ergänzt wird.

Stellenausschreibungen richtig interpretieren

Je informativer Stellenausschreibungen sind, desto besser ist es möglich, die eigene Bewerbung auf das Angebot zuzuschneiden. Aber auch aus weniger gehaltvollen Inseraten lassen sich wertvolle Informationen filtern. Wichtig ist, die Ausschreibungen aufmerksam zu studieren und sich dabei von anderen unterstützen zu lassen. Auch der Vergleich verschiedener Stelleninserate hilft, die Feinheiten eines Inserats zu entdecken. Schließlich ist es ratsam, weitere Informationen einzuholen, die über den Ausschreibungstext hinausgehen. Hierfür wird die Lektüre von Webseiten der betreffenden Lehrstühle oder Universitäten (vgl. die Kapitel »Karrieren in der Wissenschaft« und »Wissenschaftliche Stellenangebote finden«) sowie von Publikationen der zukünftigen Arbeitgeber empfohlen.

Die Texte von Stellenausschreibungen lassen sich in drei Kategorien einordnen. Erstens sind dies Inserate mit umfangreichen Informationen und klarer Gliederung. Diese Sorte erleichtert die Zusammenstellung von Bewerbungsunterlagen erheblich. Zweitens finden sich Inserate mittlerer Informationsgüte. Hier werden wichtige Informationen gegeben, jedoch ist die Struktur solcher Inserate nicht immer eindeutig. Die eigene Interpretationsleistung muss hier für optimal zugeschnittene Bewerbungen höher angesetzt werden. Drittens finden sich immer wieder Ausschreibungen mit minimalem Informationsgehalt. Dies lässt viel Freiraum für Annahmen darüber, welche Anforderungen an Bewerber gestellt werden, und bedarf intensiver zusätzlicher Recherchen.

Drei Kategorien von Stellenausschreibungen

Die Struktur von Stellenausschreibungen

Die Kenntnis der Struktur von Stelleninseraten erleichtert deren Interpretation. Selbst wenn die Struktur nicht bei allen Ausschreibungen identisch ist, können auch unstrukturierte Texte auf diese Weise sortiert und relevante Informationen besser herausgelesen werden. Idealtypisch enthalten Inserate die folgenden Punkte:

Die Kenntnis der Struktur von Inseraten erleichtert die Interpretation.

Ausschreibende Institution

Hierbei handelt es sich in der Regel um einen Lehrstuhl oder ein Institut (vgl. das Kapitel »Wissenschaftliche Stellenangebote finden«). Diese Information sollten Sie direkt nutzen, um sich auf den Webseiten der Institution umzuschauen.

Art der Stelle

Dieser Teil des Inserats informiert über die verwaltungstechnische Beschreibung der Stelle. Üblich sind Formulierungen wie »wissenschaftliche/-r Mitarbeiter/ -in«, »Doktorand/-in«, »wissenschaftliche/-r Assistent/-in« oder »Akademischer Rat/Akademische Rätin«. Bei Assistenten- und Ratstellen handelt es sich in der Regel um Positionen, die eine Promotion voraussetzen.
Ferner findet sich häufig die Information, ob es sich um eine Teil- oder Vollzeitstelle handelt. Auch wird hier in der Regel die Entgeltgruppe angegeben (beispielsweise TV-L E13; Tarifvertrag der Länder, Gehaltsgruppe E13). Anhand von im Internet verfügbaren Gehaltstabellen des öffentlichen Dienstes können Sie diese Angabe nutzen, um das zukünftige Gehalt abzuschätzen.

Befristung der Stelle

Stelleninserate müssen darüber informieren, ob es sich um eine befristete oder unbefristete Stelle handelt. Befristete Stellen beziehen sich zumeist auf Zeiträume von zwei Jahren. Gelegentlich findet sich die Formulierung »mit der Möglichkeit einer Verlängerung«. Dies verweist darauf, dass eine längerfristige Anstellung geplant ist, aber nicht zugesichert werden kann.

Aufgaben

Je nach Informationsgüte liefern Inserate Hinweise zu den zukünftigen Aufgaben, die mit der Stelle verbunden sind. Zuweilen wird dieser Bereich durch den Punkt erwarteter Kompetenzen ersetzt oder ergänzt. Dieser Teil des Inserats ist für das Verfassen der eigenen Bewerbung von herausragender Bedeutung.

Formale Einstellungsvoraussetzungen

Stellen sind im Hochschulbereich an formale Voraussetzungen geknüpft. Dies sind sogenannte Muss-Kriterien, wie etwa ein abgeschlossenes Hochschulstudium oder – bei Postdoktorandenstellen – eine Promotion. Die Art des notwendigen Hochschulabschlusses und die Ausrichtung der Promotion sind dabei eng an die ausschreibende Disziplin bzw. Fachrichtung gekoppelt. Werden diese formalen Kriterien nicht erfüllt, ist eine Bewerbung nicht aussichtsreich.

Inhaltliche Einstellungsvoraussetzungen

Hier werden neben der erwarteten Fachrichtung des Hochschulabschlusses und den Themenfeldern bisheriger eigener Arbeiten zusätzliche Qualifikationen formuliert. Inhaltliche Einstellungsvoraussetzungen lassen sich nochmals in Soll- und Kann-Kriterien unterscheiden.
Soll-Kriterien bestimmen diejenigen Qualifikationen und/oder Erfahrungen, die für eine erfolgreiche Tätigkeit als unabdingbar angesehen werden.
Kann-Kriterien sind Zusatzqualifikationen, die sich Ausschreibende bei Bewerbern wünschen. Hierdurch soll das Bewerberfeld zusätzlich sortiert werden.

Rechtliche Hinweise

Hierzu zählt in der Regel der Hinweis, dass der Anteil von Frauen erhöht werden soll und Menschen mit Behinderungen bei im Wesentlichen gleicher Eignung bevorzugt eingestellt bzw. ausdrücklich zur Bewerbung aufgefordert werden. Zuweilen wird hier auch auf Möglichkeiten der Reisekostenerstattung für Bewerbungsgespräche hingewiesen.

Bewerbungsmodalitäten

Eine häufige Formulierung ist hier: »Bewerbungen mit den üblichen Unterlagen (Lebenslauf, Zeugnisse in Kopie etc.) werden erbeten an ...«. Detailliertere Informationen zu den gewünschten Bewerbungsunterlagen finden sich in aller Regel nicht.
Bei den Bewerbungsmodalitäten werden Bewerbungsanschrift und Bewerbungsfrist angegeben; in einigen Fällen wird um die Angabe der Kennziffer des Inserats gebeten.

Ansprechpartner

Je nach Art der Stellenausschreibung und den Verfahrensweisen an verschiedenen Universitäten wird als Ansprechpartner zuweilen die zentrale Personalverwaltung oder die Hochschulleitung genannt. In diesem Fall empfiehlt sich, direkte Ansprechpartner an den Lehrstühlen oder Instituten ausfindig zu machen. Finden sich in der Anzeige Ansprechpartner am Lehrstuhl, so können diese Personen direkt für Nachfragen kontaktiert werden.

Besonders wichtig sind bei Stellenausschreibungen die Anforderungen an zukünftige Stelleninhaber und die Einstellungsvoraussetzungen. Ferner spielt für eine schlagkräftige Bewerbung die Kenntnis des Arbeitsumfeldes eine Rolle. Auf die Notwendigkeit der Internetrecherche über einen Lehrstuhl und dessen Arbeitsgebiet wurde bereits hingewiesen. Anhand von drei Ausschreibungsbeispielen können die einzelnen Schritte der Informationsgewinnung verdeutlicht werden.

Beispielinserate

Beispiel 1 – Eine ausführliche und strukturierte Stellenausschreibung

Universität Musterstadt – Am Lehrstuhl für Produktionslogistik der Fakultät für Maschinentechnik ist zum nächstmöglichen Zeitpunkt folgende Stelle – vorbehaltlich haushaltsrechtlicher Regelungen – zu besetzen:

Wissenschaftliche Mitarbeiterin/wissenschaftlicher Mitarbeiter
(Kennz. R 147-S21)

Aufgabenschwerpunkte:
– Vorbereitung und Durchführung von Übungen, Seminaren und Laborpraktika
– Betreuung von Studien-, Projekt- und Diplomarbeiten
– Eigenständige Forschung und Entwicklung auf dem Forschungsgebiet des Lehrstuhls
– Erstellung und Bearbeitung von Forschungsanträgen unter Aufsicht des Lehrstuhlinhabers
– Eigenständige Erarbeitung von Publikationen (Journale, Proceedings, Poster)
– Promotion wird unterstützt

Einstellungsvoraussetzungen:
– Erfolgreich abgeschlossenes Universitätsstudium auf dem Gebiet des Maschinenbaus, des Wirtschaftsingenieurwesens, der Logistik oder der Informatik
– Praktische Erfahrung im Bereich Produktion und Logistik ist wünschenswert
– Gute EDV- und Englischkenntnisse
– Fähigkeit zum zielorientierten, selbstständigen und teamorientierten Arbeiten
– Freude an wissenschaftlicher Arbeit und Kreativität
– Hohes Engagement und Kooperationsbereitschaft

Arbeitszeit: 35 h/Woche

Dauer: befristet für 1 Jahr, Verlängerung auf weitere 2 Jahre möglich

Vergütung: Entgeltgruppe 13 TV-L (West)
(Es wird darauf hingewiesen, dass bis zum Inkrafttreten der neuen Entgeltord-
nung alle Eingruppierungsvorgänge vorläufig sind und weder Besitzstände noch
Vertrauensschutz begründen.)

Telefonische Auskünfte erteilt: Herr Prof. Dr.-Ing. Karl Mustertyp, Tel.: 0xxx xxx-
xxxx

Die Universität Musterstadt strebt einen hohen Anteil von Frauen in Forschung
und Lehre an. Qualifizierte Wissenschaftlerinnen sind deshalb nachdrücklich
aufgefordert, sich zu bewerben. Schwerbehinderte Bewerberinnen und Bewerber werden bei gleicher Eignung, Befähigung und Qualifikation besonders berücksichtigt.

Bewerbungs- und Fahrtkosten können vom Land Musterland leider nicht übernommen werden.

Bewerbungen sind ausschließlich mit den üblichen Unterlagen (Lebenslauf,
Darstellung des beruflichen Werdeganges) unter Angabe der o. g. Kennziffer zu
richten an:
Universität Musterstadt
Dezernat für Personalverwaltung
9999 Musterstadt

Bewerbungsschluss: 31. 12. 2008

Dieses Inserat folgt mustergültig den verschiedenen Elementen einer
Stellenausschreibung. Sie finden darin alle relevanten Informationen
übersichtlich dargestellt.

Ausschreibende Institution. Der ausschreibende Lehrstuhl ist direkt im Kopf der Anzeige genannt. Zudem erfahren Sie, an welcher
Fakultät der Lehrstuhl angesiedelt ist. Nach eingängiger Lektüre des
Ausschreibungstextes gilt Ihr erster Blick den entsprechenden Webseiten.

Art der Stelle. Die Kennzeichnung als wissenschaftliche Mitarbei-
terstelle zeigt an, dass eine Promotion sehr wahrscheinlich keine Voraussetzung ist. Dies wird später bei den Aufgabenschwerpunkten deutlich. Die Angabe einer Kennziffer lässt erwarten, dass die Bewerbung
zentral über die Verwaltung der Universität laufen wird. Die Information zum Arbeitsumfang (hier 35 Stunden pro Woche) wird in der
Regel bei der Art der Stelle erwähnt. Im vorliegenden Beispiel folgt diese

Information im Anschluss; Gleiches gilt für die Entgeltgruppe – hier TV-L E13 (West) –, die erst später im Inserat zu finden ist.

Befristung der Stelle. Die ausgeschriebene Position ist auf ein Jahr befristet. Dies bedeutet, dass für diese Zeit eine Finanzierung garantiert ist. Die in Aussicht gestellten weiteren zwei Jahre sind eine mögliche Option ohne Garantie. Hier ist es sinnvoll, die eigene Karriereplanung zunächst nur auf das erste Jahr auszulegen.

Aufgaben. In der Anzeige werden die Aufgaben vergleichsweise detailliert beschrieben und aufgeschlüsselt in die Bereiche Lehre (die ersten zwei Spiegelstriche), Forschung (die folgenden zwei Spiegelstriche) sowie Publikationstätigkeit (die letzten beiden Spiegelstriche). Die Reihenfolge dieser Punkte ist nicht zufällig, sondern spiegelt die Gewichtung der späteren Aufgaben wider. Im konkreten Fall wird also in erster Linie ein Engagement in der Lehre erwartet; leicht nachgeordnet folgen Forschungstätigkeiten.

Besonders markant sind bei den Aufgaben zwei Aspekte. Zum einen wird das Verfassen eigener Forschungsanträge erwähnt, kombiniert mit der Anforderung, eigene Forschungsschwerpunkte innerhalb der Forschungsgebiete des Lehrstuhls zu entwickeln. Dies deutet darauf hin, dass der Lehrstuhl forschungsorientiert ist und gleichzeitig von Mitarbeitern die aktive Initiierung von Forschungsprojekten erwartet. Der Verweis auf Forschungsgebiete des Lehrstuhls macht kenntlich, dass es nur um Forschung innerhalb eines definierten Spektrums gehen wird.

Zum anderen findet sich die Aussage, dass eine Promotion unterstützt wird. Dies kann, da es in die Rubrik »Aufgaben« fällt, besser als die Aufforderung gelesen werden, am Lehrstuhl im Bereich der vorhandenen Projekte zu promovieren. Eine Grundregel ist, dass es zumeist nicht gern gesehen wird, wenn Bewerber auf Promotionsstellen bereits ihre eigenen Dissertationsvorhaben mitbringen.

Formale Einstellungsvoraussetzungen. Lediglich der erste Spiegelstrich bezieht sich auf Muss-Kriterien für Bewerber. Ein abgeschlossenes Hochschulstudium in einem der vier genannten Bereiche ist zwingende Voraussetzung. Auch hier wird die Reihenfolge kein Zufall sein. Ein Abschluss im Bereich Maschinenbau wird bevorzugt, gefolgt von den anderen drei Bereichen. Dies bedeutet nicht, dass nur Maschinenbauabsolventen eine gute Chance haben werden. Die Nennung der vier Abschlussvarianten liefert zusätzliche Hinweise, welche Schnittstelle zukünftige Stelleninhaber bedienen sollen. Wenn beispielsweise ein Abschluss in Informatik vorliegt, ist es günstig, in der Bewerbung darauf zu verweisen, dass auch Logistik oder Wirtschaftsingenieurwesen Inhalte des Studiums waren.

Inhaltliche Einstellungsvoraussetzungen. Die im Inserat genannten Soll- bzw. Kann-Kriterien können als eher »weiche« Einstellungsvoraussetzungen gewertet werden. Deutlich wird zunächst, dass praktische Erfahrungen die Chance der eigenen Bewerbung erhöhen werden. Dieser Punkt folgt direkt nach den formalen Voraussetzungen. Die anderen Kompetenzen, wie EDV- und Englischkenntnisse oder zielorientiertes, teamfähiges und engagiertes Arbeiten, erhöhen die Chancen auf eine Einstellung; sie sind aber weniger maßgeblich. Zudem: Wer wird sich selbst schon geringes Engagement oder mangelnde Teamfähigkeit in einer Bewerbung attestieren?

Rechtliche Hinweise. Neben den üblichen Informationen zur Erhöhung des Frauenanteils bzw. zur Förderung von Bewerberinnen und Bewerbern mit Behinderung verweist das Inserat explizit darauf, dass Fahrtkosten nicht erstattet werden. Auch ist der Hinweis relevant, dass die Stelle vorbehaltlich haushaltsrechtlicher Regelungen vergeben wird. Dies heißt im Klartext, dass bei einer Ausgabensperre des Bundeslandes oder der Universität die Stelle zunächst nicht besetzt werden kann. Hier empfiehlt es sich, Medienberichte zur Haushaltslage des betreffenden Bundeslandes im Auge zu behalten und bei der eigenen Bewerbung diese Unwägbarkeit immer im Hinterkopf zu behalten.

Bewerbungsmodalitäten. Die Bewerbung erfolgt zentral über die Universitätsverwaltung, die zu ihrer Entlastung die Angabe der Kennziffer einfordert. Auch ist die Formulierung, dass Bewerbungsunterlagen »ausschließlich« mit den üblichen Unterlagen (hier: Lebenslauf, Darstellung des beruflichen Werdeganges) einzureichen sind, ein Hinweis auf standardisierte Bewerbungsverfahren. Allerdings ist das fehlende »etc.« bei den Unterlagen irritierend. Es bleibt offen, ob Zeugniskopien tatsächlich nicht erwünscht sind oder aber lediglich versehentlich keine Erwähnung gefunden haben.

Der Gang der Bewerbungsunterlagen wird in diesem Fall über die Verwaltung an den Lehrstuhlinhaber erfolgen. Bei Nachfragen werden von der Verwaltung dementsprechend nur Informationen zu diesem Vorgang erhältlich sein. Auch inhaltliche Fragen zur ausgeschriebenen Position werden dort nicht beantwortet werden können.

Ansprechpartner. Die explizite Nennung eines Ansprechpartners samt Telefonnummer zeigt an, dass telefonische Nachfragen erwünscht sind und der zukünftige Vorgesetzte bereit ist, über Details der Stelle zu informieren. Diese Gelegenheit sollte genutzt werden, um durch die zusätzlichen Informationen die Bewerbung optimal gestalten zu können.

Telefonische Anfragen sparsam einsetzen

Nicht immer verbessern sich die Chancen der eigenen Bewerbung durch direkte telefonische Anfragen. In etwa ein Viertel hat hierzu keine konkrete Meinung, 35 Prozent der Befragten erleben Anfragen als störend. Die Mehrheit jedoch erachtet solche Telefonate als hilfreich (vgl. Abbildung 22).

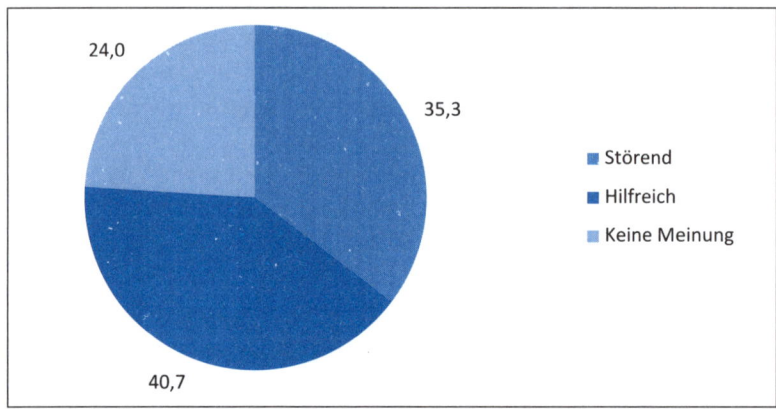

Abbildung 22: Einschätzung telefonischer Anfragen von Bewerbern als störend oder hilfreich (Angaben in Prozent)

Inwieweit eine Anfrage gewünscht ist, lässt sich durchaus dem Inserat entnehmen. Wenn – wie im o. g. Fall – ein Ansprechpartner mit Telefonnummer genannt wird, so ist dies ein positiver Hinweis. Wird hingegen im gesamten Inserat kein konkreter Ansprechpartner erwähnt oder fehlt eine Rufnummer, so sind telefonische Anfragen mit Bedacht einzusetzen und nur bei konkretem Bedarf angezeigt. Wesentlich ist, sich auf das Gespräch durch die Formulierung von Fragen vorab gut vorzubereiten. Im Falle einer telefonischen Anfrage sind einige Punkte hilfreich.

Tipps für telefonische Anfragen

1. Formulieren Sie nach intensiver Lektüre des Inserats Fragen, die für Sie noch offen sind.
2. Systematisieren Sie die Fragen entlang der Struktur von Stellenangeboten und weisen Sie Fragen, die darüber hinausgehen, eine eigene Rubrik zu.

3. Notieren Sie sich zu jeder Frage, wer potenzielle Antworten hierzu liefern kann. Heben Sie solche Fragen hervor, die Ihnen genannte Ansprechpartner beantworten sollen.

4. Informieren Sie sich durch Webseiten und Publikationen über den Lehrstuhl bzw. das Institut. Schreiben Sie die gefundenen Antworten zu Ihren Fragen auf und prüfen Sie, ob noch Fragen offengeblieben sind. Markieren Sie diese offenen Fragen und nutzen Sie sie als Vorlage für das Telefonat.

5. Versuchen Sie, sich beim Telefonat direkt mit dem Ansprechpartner verbinden zu lassen. Sollte dieser nicht verfügbar sein, erkundigen Sie sich freundlich, wann ein Telefonat möglich ist.

6. Kommt das Telefonat zustande, nennen Sie zunächst Ihren Namen und erwähnen Sie, auf welche Stellenanzeige Sie sich beziehen. Fragen Sie nach diesem Vorlauf zunächst, ob der Gesprächspartner Zeit für die Beantwortung einiger Fragen erübrigen kann. Im positiven Falle können Sie Ihre Fragen stellen, im negativen Falle fragen Sie an, wann ein erneuter Anruf günstig ist.

7. Stellen Sie Ihre Fragen in der Reihenfolge ihrer Relevanz, d. h. wichtige Fragen zu Beginn des Gesprächs, weniger zentrale Fragen eher am Ende. Vermeiden Sie »heikle« Fragen, wie etwa jene nach der Anzahl bislang eingegangener Bewerbungen.

8. Schließen Sie das Gespräch mit einer offenen Frage (»Gibt es etwas, was ich aus Ihrer Sicht noch zur Stelle wissen sollte?«). Hierdurch können Sie unter Umständen weitere wertvolle Hinweise erhalten. Es hinterlässt einen guten Eindruck, wenn Sie sich für das Gespräch und die Zeit bedanken und ankündigen, wann Sie Ihre Bewerbung einreichen werden.

9. Fassen Sie nach Beendigung das Gespräch zusammen
   a) hinsichtlich der Antworten, die Sie bekommen bzw. nicht bekommen haben,
   b) hinsichtlich der Atmosphäre während des Gesprächs und
   c) hinsichtlich des Eindrucks, den Sie vom zukünftigen Chef am Telefon erhalten haben.

Beim ersten Beispiel handelt es sich um eine Ausschreibung, die viele Informationen bietet. Diese sind für eine aussagekräftige Bewerbung zumeist hinreichend. Telefonische Anfragen können daher mit Bedacht eingesetzt werden. Auch teilstrukturierte Stelleninserate bieten häufig die notwendigsten Informationen, es fällt jedoch schwerer, diese Informationen zu filtern und zu sortieren. Anhand des folgenden Beispiels wird aufgezeigt, wie die einzelnen Strukturelemente einer Ausschreibung identifiziert werden können.

Beispiel 2 – Eine teilstrukturierte Stellenausschreibung

Am Lehrstuhl Empirische Bildungsentwicklung der Universität Musterstadt ist zum nächstmöglichen Zeitpunkt eine

Halbtagsstelle als wissenschaftliche Mitarbeiterin/ wissenschaftlicher Mitarbeiter (Vergütung erfolgt nach TV-L E13)

für die Dauer von zunächst zwei Jahren zu besetzen. Voraussetzung ist ein abgeschlossenes Hochschulstudium in Erziehungswissenschaft oder Psychologie. Erwünscht sind sehr gute Kenntnisse im Bereich empirischer Bildungsforschung und/oder Sozialisation in Kindheit und Jugend. Bewerber/-innen sollten über sehr gutes Wissen im Bereich quantitativer und/oder qualitativer Forschung verfügen und sehr gute Englischkenntnisse aufweisen.

Der Lehrstuhl Empirische Bildungsentwicklung bietet ein forschungsintensives und den wissenschaftlichen Nachwuchs förderndes Umfeld. Der/die zukünftige Stelleninhaber/-in wirkt an laufenden Forschungsvorhaben des Lehrstuhls mit und erhält die Möglichkeit zur Promotion.

Schwerbehinderte Bewerber/-innen werden bei ansonsten im Wesentlichen gleicher Eignung bevorzugt eingestellt.

Ihre aussagekräftige Bewerbung mit den üblichen Unterlagen (tab. Lebenslauf, Zeugnisse/Urkunden in Kopie, ggf. Schriftverzeichnis) richten Sie bitte in elektronischer Form (PDF, Word, OpenOffice etc.) bis zum 31.11.2008 per E-Mail an: Prof. Dr. Karla Musterfrau, Universität Musterstadt, Lehrstuhl Empirische Bildungsentwicklung; karla.musterfrau@uni-musterstadt.de

Ausschreibende Institution. Auch bei dieser Anzeige ist deutlich, an welchem Lehrstuhl die Stelle angesiedelt ist. Es fehlt jedoch die Information, um welche Fakultät es sich handelt. Dies wird zusätzlich im Internet zu recherchieren sein.

Art der Stelle. Es handelt sich wiederum um eine Stelle als wissenschaftlicher Mitarbeiter in der Entgeltgruppe TV-L E13. Im Gegensatz zu Beispiel 1 wird hier direkt angegeben, dass es sich um eine Halbtagsstelle handelt.

Befristung der Stelle. Die Vertragsdauer ist in der folgenden Zeile unterhalb der Stellenbezeichnung genannt. Die Formulierung »für die Dauer von zunächst zwei Jahren« zeigt an, dass ein Zweijahresvertrag angeboten wird. Eine Vertragsverlängerung ist möglich, wenngleich nicht sicher.

Aufgaben. Die Aufgaben des Stelleninhabers sind aus der Anzeige nicht direkt ersichtlich. Hier müssen über die erwünschten Kompetenzen Rückschlüsse gezogen werden. Die Kenntnis verschiedener Forschungsmethoden und die inhaltlichen Bereiche Kindheit und Jugend deuten an, dass Forschung zu Bildung und Sozialisation bei Kindern und Jugendlichen im Mittelpunkt der Aufgaben stehen wird. Die erwünschten »sehr guten Englischkenntnisse« verweisen auf englischsprachiges Publizieren, ggf. sogar auf Lehrtätigkeit. Zu den Lehraufgaben enthält die Anzeige keine Informationen. Hier handelt es sich mit hoher Wahrscheinlichkeit um eine Stelle in einem Forschungsprojekt. Dafür spricht auch die zweijährige Laufzeit der Stelle.

Formale Einstellungsvoraussetzungen. Als formale Voraussetzung wird ein abgeschlossenes Studium der Erziehungswissenschaft oder Psychologie angegeben. Andere Fachrichtungen, so der Umkehrschluss, haben keine Aussicht auf eine erfolgreiche Bewerbung. Die Reihenfolge der Fachrichtungen zeigt an, dass primär Erziehungswissenschaftler, nachgeordnet aber auch Psychologen erwünscht sind. Klärung bringt hier ein Blick auf die Webseiten des Lehrstuhls, um die Hauptfächer, die der Lehrstuhl in der Lehre bedient, zu ermitteln.

Inhaltliche Einstellungsvoraussetzungen. Die inhaltlichen Anforderungen wurden bereits bei den Aufgaben berücksichtigt. Die Angaben sind hier jeweils zweigeteilt. Besonders erwünscht sind Bewerber mit sehr guten Kenntnissen in der Bildungs- *und* Sozialisationsforschung. Von Interesse sind aber offenbar auch Bewerber, die das eine *oder* das andere beherrschen. Bei den Forschungsmethoden gilt Ähnliches. Wer quantitative *und* qualitative Methoden beherrscht, ist im Vorteil. Allerdings handelt es sich auch hier um einen Idealwunsch. Wer das eine *oder* das andere an Kompetenzen mitbringt, sollte sich dennoch auf die Stelle bewerben. Außerdem ist ein Bewerber im Vorteil, der sehr gute Englischkenntnisse vorweisen kann. Wenngleich diese Kompetenz gegen Ende dieses Abschnitts genannt wird, können hier Pluspunkte gesammelt werden.

Schließlich wird die Gelegenheit zur Promotion gegeben. Dies bedeutet wiederum indirekt, dass eine Promotion am Lehrstuhl eher gewünscht ist als eine, die bereits in der Durchführung ist.

Rechtliche Hinweise. Im Inserat wird lediglich auf Bewerbungen von Menschen mit Behinderungen eingegangen. Weitere Hinweise, etwa zur Frauenförderung oder zur Reisekostenerstattung, fehlen. Wenngleich eine explizite Formulierung nicht notwendig ist, muss an Universitäten zunächst davon ausgegangen werden, dass Reisekosten nicht ersetzt werden.

Bewerbungsmodalitäten. Die Bewerbung wird direkt an die Lehrstuhlinhaberin erbeten. Wichtig ist, dass diese nur elektronisch per E-Mail erfolgen soll, vermutlich aus Kosten- oder Bequemlichkeitsgründen. In jedem Fall mindern sich die Chancen einer Bewerbung bei postalischer Zusendung einer Bewerbungsmappe. Indirekt verbergen sich dahinter zwei Informationen. Erstens werden Kompetenzen vorausgesetzt, Bewerbungsunterlagen in elektronischer Form zusammenstellen zu können. Die Nachricht hier ist: Seien Sie in der Lage, Ihre Dokumente ggf. zu scannen und beispielsweise ins PDF-Format zu konvertieren. Zweitens zeigt die Auflistung erwünschter Unterlagen an, dass Bewerber mit Publikationen bevorzugt werden. Dies wird ausdrücklich erwähnt, obwohl es sich um eine Promotionsstelle handelt. Vor allem Bewerber mit einer früheren wissenschaftlichen Stelle oder solche, die bereits als studentische Hilfskraft an einem Lehrstuhl an Veröffentlichungen mitgewirkt haben, sind hier angesprochen.

Ansprechpartner. Die Ansprechpartnerin wird namentlich samt E-Mail-Adresse genannt. Da weder Anschrift noch Rufnummer angegeben werden, empfiehlt es sich nicht, telefonisch Kontakt aufzunehmen. Zumindest wird deutlich, dass die Lehrstuhlinhaberin über Bewerbungsmails hinaus keinen Kontakt wünscht und dass die Bewerbung nicht zentral über die Verwaltung erfolgt.

Die Message eines Inserats

Trotz der geringeren Strukturierung des zweiten Beispiels im Vergleich zum ersten Beispiel finden sich in dem Inserat die wesentlichen Informationen. Die Aufforderung dieses Inserats lautet in etwa so:

Bewerben Sie sich, wenn Sie eines der beiden Fächer studiert haben, über sehr gute Kenntnisse in den inhaltlichen Bereichen verfügen und fließend Englisch sprechen, wenn Sie am Lehrstuhl promovieren werden und auch mit moderner Kommunikation umgehen können.

Auch dann bewerben, wenn nicht alle Kriterien erfüllt sind

Nun können sich Ausschreibende viel wünschen. Nicht immer werden diese Wünsche bedient. Es gibt ein interessantes Detail an diesem Inserat. Dieses Detail findet sich in dem Passus »Der Lehrstuhl Empirische Bildungsforschung bietet ein forschungsintensives und den wissenschaftlichen Nachwuchs förderndes Umfeld.« Hier betreibt der Lehrstuhl Werbung in eigener Sache und lockt mit einer guten Nachwuchsförderung. Die Rhetorik dieser Aussage ist mit Inseraten in der Wirtschaft vergleichbar und kann zweifach verstanden werden. Erstens sieht sich dieser Lehrstuhl als modernes Forschungsunternehmen, das sich dementsprechend in der Öffentlichkeit präsentieren möchte. Zweitens soll diese Eigenwerbung »Spitzenkräfte« mit Interesse an Forschung ansprechen, die sich vielleicht nicht auf die Stelle bewerben würden. Dies deutet an, dass mit keiner großen Zahl »exzellenter« Bewerbungen gerechnet wird. Wer also nicht alle diese »Wünsche« erfüllt, sollte dennoch mit einer gezielten Bewerbung auf sich aufmerksam machen.

Das dritte Beispiel eines Inserats ist durch eine sehr unstrukturierte und inhaltlich weniger gehaltvolle Darstellung gekennzeichnet. Hier werden weder Aufgaben noch erforderliche Kompetenzen skizziert. Da es sich um eine Ausschreibung für ein Graduiertenkolleg handelt, kommt erschwerend hinzu, dass vermutlich nicht eine Person, sondern ein Kollegium über die Besetzung der Stellen entscheidet.

Beispiel 3 – Eine unstrukturierte Stellenausschreibung

Am Graduiertenkolleg »Wandel der Gesellschaft. Ein Vergleich von Korea und Deutschland« der XY-Universität Musterstadt sind

2 Promotionsstipendien
(Graduiertenkolleg »Wandel der Gesellschaft.
Ein Vergleich von Korea und Deutschland«)

zu vergeben. Die Laufzeit beträgt zunächst zwei Jahre; eine Verlängerung ist möglich.
Die Höhe der Stipendien richtet sich nach den Förderrichtlinien der DFG.
Die Bewerbungsfrist endet am 1. Februar 2009.

Das Graduiertenkolleg geht der Leitfrage nach, wie und in welchen Zeiträumen sich unterschiedliche bzw. analoge Strukturen und Handlungsmuster von Bürgergesellschaft in Deutschland und Korea herausgebildet haben. Dabei soll untersucht werden, unter welchen historischen, kulturellen und politischen Voraussetzungen sich in Deutschland und/oder Korea Bürgergesellschaft als normatives Ziel und als soziale Praxis entwickelt hat.

Bewerbungen mit Lebenslauf, einem Forschungsexposé (ca. 10 Seiten) sowie einschlägigen Zeugnissen sind an die Geschäftsstelle des Graduiertenkollegs in elektronischer Form zu senden.

Für Rückfragen wenden Sie sich bitte an den Koordinator: Franz Mustermann, Tel.: 0xxx 9xxxxxx, franz.mustermann@uni-musterstadt.de

Ausschreibende Institution. Die Ausschreibung weist darauf hin, dass die Stellen am Graduiertenkolleg der Universität angesiedelt sind. Bei Graduiertenkollegs ist dies der Regelfall. Es gibt keinen einzelnen

Lehrstuhl oder ein Institut, sondern einen Verbund von Lehrstühlen, die das Kolleg betreuen. Dies erschwert eine Bewerbung, weil unklar ist, welche inhaltliche Ausrichtung die Bewerbung haben soll. Der erste Schritt wäre demnach, die am Kolleg beteiligten Lehrstühle oder Institute zu identifizieren. Dies gelingt häufig über die Webseiten der Universität.

Art der Stelle. Ausgeschrieben werden zwei Promotionsstipendien, deren Gehalt sich durch die DFG-Richtlinien (DFG = Deutsche Forschungsgemeinschaft) definiert. Ein Blick auf die Webseite der Deutschen Forschungsgemeinschaft liefert diese fehlende Information.

Befristung der Stelle. Beide Stellen sind auf zwei Jahre befristet, die potenzielle Verlängerung der Stellen wird von der Weiterbewilligung des Kollegs durch die DFG abhängig sein. Diese Unwägbarkeit ist beträchtlich, weil über die Weiterbewilligung externe Gutachter und die Finanzlage der DFG entscheiden.

Aufgaben. Die Aufgaben bleiben sehr vage. Sie lassen sich am ehesten über die Art der Stelle und die Beschreibung des Kollegs identifizieren. Da es sich um ein Promotionsstipendium handelt, gehören zu den »Aufgaben« das Verfassen einer Dissertationsschrift und ein Promotionsstudium. Die Beschreibung des Kollegs lässt zudem vermuten, dass eine nicht näher definierte Forschungstätigkeit zu den Aufgaben zählen wird.

Formale Einstellungsvoraussetzungen. Die formalen Voraussetzungen werden nicht erwähnt. Zwar ist für eine Promotion ein abgeschlossenes Studium unabdingbar, in welchem Fach ist jedoch nicht definiert. Somit können sich Absolventen aller Fachrichtungen bewerben. Juristisch betrachtet wird also keine Bewerbung abgewiesen, auch wenn die Forschungsinhalte des Kollegs Studienrichtungen wie Politikwissenschaften, ostasiatische Studien, Ethnologie oder Soziologie nahelegen. Unter Umständen eröffnet diese Vagheit auch exotischen Bewerbungen eine Chance.

Inhaltliche Einstellungsvoraussetzungen. Wie die formalen so bleiben auch die inhaltlichen Kompetenzerwartungen nahezu komplett unspezifiziert. Wieder lassen sich aus der Grundrichtung des Graduiertenkollegs Annahmen über erwartete Fähigkeiten ableiten. Wenn – wie im Text angegeben – »historische, kulturelle und politische Voraussetzungen« untersucht werden sollen, sind geschichtswissenschaftliche, ethnologische oder politologische Kompetenzspektren angesprochen. Diese Offenheit ermöglicht im Gegenzug, eigene Kompetenzen innerhalb dieser Ausrichtung deutlich hervorzuheben. In jedem Fall wird die

Kenntnis beider Kulturen (Deutschland und Korea) für eine Bewerbung äußerst hilfreich sein.

Eine weitere inhaltliche Voraussetzung ergibt sich durch das geforderte Forschungsexposé. Bewerber sollen in der Lage sein, ein eigenes Dissertationsthema zu skizzieren und schriftlich nachvollziehbar darzulegen. Hier sind Bewerber sicherlich im Vorteil, die sich bereits Gedanken über ein Promotionsthema gemacht haben und entsprechende Vorrecherchen aufweisen können.

Rechtliche Hinweise. Es werden keinerlei rechtliche Hinweise gegeben. Fragen der (unwahrscheinlichen) Reisekostenerstattung sind mit der angegebenen Kontaktperson zu klären.

Bewerbungsmodalitäten. Auch hier sind die Informationen spärlich. Neben der Bewerbungsfrist findet sich lediglich der Hinweis auf den elektronischen Versand des Lebenslaufs, der Zeugnisse und des Exposés. Diese sind an die Geschäftsstelle zu richten und werden von dort an die beteiligten Lehrstuhlinhaber weitergeleitet. Die explizite Nennung des Exposés zeigt an, dass für die Entscheidung neben den Abschlussnoten die Qualität der Promotionsskizze entscheidend sein wird.

Ansprechpartner. Es wird der Koordinator des Kollegs genannt und die Rufnummer für Rückfragen angegeben. Angesichts der wenigen Informationen zu den Stellen sollte diese Möglichkeit genutzt werden. Inwieweit der Ansprechpartner Auskunft über inhaltliche Entscheidungskriterien geben kann, bleibt unklar und sollte auch nicht vorausgesetzt werden. Nicht der Ansprechpartner, sondern die beteiligten Hochschullehrer werden über die Besetzung der Stellen entscheiden. Unter Umständen kann in einem solchen Fall die Frage gestellt werden, welche Professoren an dem Graduiertenkolleg mitwirken.

Die drei Beispiele verdeutlichen, dass die Aussagekraft von Inseraten deutlich variieren kann. Bei genauer Betrachtung lassen sich aber dennoch wesentliche Informationen ermitteln. Häufig weisen wissenschaftliche Stellenausschreibungen die Besonderheit auf, dass nicht auf den Zeitpunkt des Stellenantritts hingewiesen wird. Da Bewerber aber wissen sollten, ab wann sie mit der Stelle rechnen können – nicht zuletzt, weil damit häufig ein Wohnortwechsel verbunden ist –, sind Fragen nach dem Einstellungsdatum durchaus gerechtfertigt. Allerdings werden Ausschreibende im Fall dieser fehlenden Angabe entweder ein »sobald wie möglich« entgegnen oder sich darüber selbst noch nicht im Klaren sein.

Für alle Inserate gilt, diese aufmerksam zu studieren und ggf. anderen Personen zur Lektüre zu geben. Darüber hinaus gibt es einige hilf-

Nicht alle Inserate sind gleichermaßen informativ.

reiche Tipps für die richtige Interpretation von Stellenausschreibungen.

Tipps zur Interpretation von Ausschreibungen

1. Ordnen Sie die Informationen im Inserat nach dem hier empfohlenen Raster. Markieren Sie Bereiche, zu denen die Anzeige keine Informationen enthält.
2. Recherchieren Sie intensiv im Internet. Suchen Sie fehlende Informationen und heben Sie noch offene Fragen hervor.
3. Gleichen Sie Aufgaben, formale und inhaltliche Voraussetzungen mit Ihren Kompetenzen ab. Erstellen Sie eine erste ganz persönliche Prognose,
   a) ob Ihnen die Stelle zusagt und ob sie Ihren Kompetenzen entspricht,
   b) inwieweit Ihre Kompetenzen sich mit den zentralen Anforderungen decken und
   c) welche weiteren Fähigkeiten Sie besitzen, die Sie passend zur Stelle einbringen können.
4. Vergleichen Sie jedes Inserat mit anderen Stellenangeboten, um ein Gefühl für die großen und kleinen Unterschiede zwischen den verschiedenen Stellen zu bekommen.
5. Erstellen Sie eine Rangfolge der Stellenangebote, beginnend mit der größten Passung zwischen Stellenprofil und Ihren Fertigkeiten.
6. Wägen Sie ab, auf welche Stellen Sie sich in jedem Fall und auf welche Sie sich eventuell bewerben möchten. Studieren Sie dann für die Erstellung Ihrer Unterlagen die favorisierten Angebote nochmals intensiv.
7. Achten Sie darauf, dass Sie in Ihrer Bewerbung alle im Ausschreibungstext erwähnten Aspekte berücksichtigen.

Die Chancen einer Bewerbung verändern sich mit dem Ausmaß, in dem es gelingt, eine Passung zwischen dem Angebot und Ihren Kompetenzen herzustellen.

Inserate sind Nachfragen, Ihre Bewerbung ist ein Angebot. Stelleninserate folgen einem ganz simplen Prinzip: Es geht um Angebot und Nachfrage. Was nachgefragt wird, steht im Inserat. Was angeboten wird, verrät Ihre Bewerbung.

Zusammenfassung

Stellenausschreibungen bieten in sehr unterschiedlichem Umfang Informationen zur ausgeschriebenen Stelle und sind nicht immer gleich gut strukturiert. Es ist für die richtige Interpretation eines Inserats wichtig, den Ausschreibungstext zunächst in seine strukturellen Bestandteile zu zerlegen. Darauf folgt die Feststellung noch fehlender Informationen, die durch Internetrecherche und ggf. telefonischen Kontakt beschafft werden können. Für die richtige Lesart einer Stellenausschreibung ist es immer hilfreich, diese mit anderen Personen durchzugehen und mögliche Interpretationen zu diskutieren. Auf diese Weise gelingt es eher, die eigene Bewerbung als das beste Angebot im Bewerbungsprozess zu platzieren.

Weitere Informationen

Um ein Gefühl für Stelleninserate zu erhalten, hilft ein Vergleich verschiedener Ausschreibungen, auch aus anderen Disziplinen. Stöbern Sie einfach mal auf den Seiten von www.academics.de und tauschen Sie sich mit anderen Stellensuchenden unter www.hochschulkarriere.de aus.

Bewerbungsunterlagen zusammenstellen

Bewerbungs-
unterlagen
auf jede Stelle
individuel!
abstimmen

Durch die Bewerbungsunterlagen werden zukünftige Arbeitgeber das erste Mal auf Bewerber aufmerksam. Diese Unterlagen entscheiden, ob die nächste Phase erreicht wird und die Einladung zum persönlichen Gespräch erfolgt. Mit Bewerbungsunterlagen ist es wie mit Weihnachtskarten: Massenware mit einheitlichem Weihnachtsgruß landet im Papierkorb, persönlich gehaltene Karten werden eher wahrgenommen. Jede Bewerbungsmappe sollte also auf die jeweilige Stelle genau zugeschnitten sein, damit sich Bewerber möglichst optimal präsentieren können. Es lohnt sich daher immer, in eine gute Bewerbung zu investieren.

Inhalte zählen in
der Wissenschaft
mehr als gestalte-
rische Kreativität.

Gerade weil sich wissenschaftliche Stellen sehr stark unterscheiden und häufig ein ganz besonderes Anforderungsprofil besitzen, ist eine möglichst präzise Bewerbung eine gute Investition. Gleichzeitig gilt für wissenschaftliche Bewerbungen »Mehr sein als Schein«, das heißt, es kommt weniger auf ein gelungenes, besonders innovatives Layout an. Kunstvolle Verzierungen oder ausgefallene Formate gehören nicht in eine wissenschaftliche Bewerbung. Was zählt, sind die Inhalte. Die Wissenschaft gilt hier nach wie vor als eher konservativ.

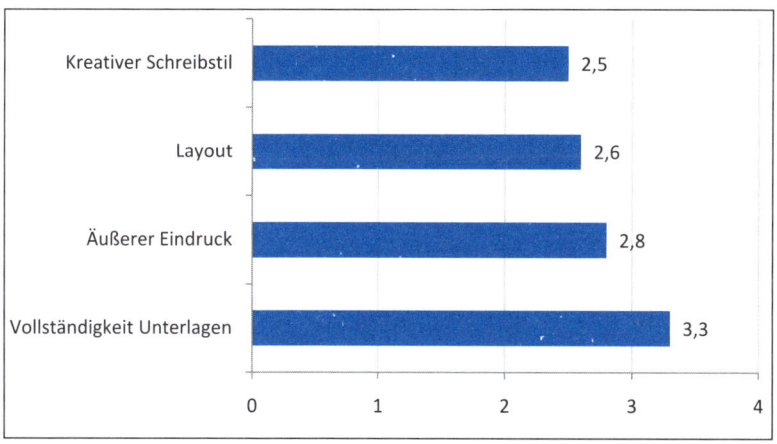

Abbildung 23: Relevanz der Inhalte gegenüber der Form (Mittelwerte; 1-völlig unwichtig bis 4-sehr wichtig)

Die Vollständigkeit der Unterlagen ist von größerer Bedeutung als der äußere Eindruck, den Bewerbungsunterlagen erzeugen. Auch das Layout und ein kreativer Schreibstil werden als weniger wesentlich angesehen (vgl. Abbildung 23).

Die größere Wertschätzung der Inhalte gegenüber der Form bietet erhebliche Vorteile für die Zusammenstellung der Unterlagen. Bewerbungen können sachlich gehalten werden und der Druck entfällt, besonders blumige oder kreative Formulierungen finden zu müssen.

Dies alles bedeutet nicht, dass Unterlagen nachlässig gestaltet werden sollen, Seiten unübersichtlich und eng bedruckt sein können und/oder das Anschreiben im saloppen Tonfall zu formulieren wäre. Es ist vielmehr so, dass einige Standards zur Gestaltung von Unterlagen vorausgesetzt werden. Darüber hinaus liegt aber der Fokus auf den präsentierten Inhalten, weil auf Vollständigkeit der Unterlagen Wert gelegt wird.

Die ersten Schritte für die Zusammenstellung von Bewerbungsunterlagen

1. Stellen Sie die notwendigen Dokumente für eine Bewerbung zusammen. Fertigen Sie von allen Dokumenten einen Vorrat an Kopien an und scannen Sie Urkunden, Zeugnisse etc. zusätzlich ein. So sind Sie für schnelle Bewerbungen, auch in elektronischer Form, gut gerüstet.

2. Legen Sie eine Vorlage für das Anschreiben sowie für den Lebenslauf an. Diese Vorlagen können Sie an die jeweiligen Stellenausschreibungen anpassen: Sie sparen so zusätzliche Arbeit, weil Sie nicht stets komplett neue Dokumente anfertigen müssen.

3. Geben Sie bei einem professionellen Fotografen ein Lichtbild in Auftrag. Machen Sie dabei nicht alle Modeerscheinungen mit, die bei Bewerbungsbildern auftreten. Weisen Sie darauf hin, dass Sie ein klassisches Bild wünschen.

4. Treten Sie rechtzeitig mit Hochschullehrern in Kontakt, falls Empfehlungsschreiben die eigene Bewerbung ergänzen sollen. Überlegen Sie sich dabei genau, welche Aspekte das Empfehlungsschreiben enthalten soll.

5. Falls Sie in technischen Fragen nicht versiert sind, holen Sie sich Rat bei anderen Personen für die Erstellung elektronischer Versionen Ihrer Bewerbungsunterlagen.

Bewerbungen enthalten drei Arten von Dokumenten.

Für die Zusammenstellung von Bewerbungsunterlagen gibt es drei Arten von Dokumenten. Zum einen sind dies Schul- oder akademische Zeugnisse, zum anderen besteht zusätzlich die Möglichkeit, Berufszeugnisse oder solche von Fort- und Weiterbildungen einzureichen.

Schließlich enthalten Bewerbungsunterlagen ein persönliches Anschreiben und einen Lebenslauf.

Der Unterschied zwischen diesen drei Dokumentenarten besteht darin, dass Sie das Anschreiben und ggf. den Lebenslauf an die jeweilige Stellenausschreibung anpassen. Zeugnisse und Urkunden bleiben – natürlich – unverändert. Hier müssen Sie nur bei jeder Bewerbung entscheiden, welche Zeugnisse der Bewerbung beigefügt werden.

Drei Dokumentenarten

Variable Schriftstücke. Erstellen Sie für das persönliche Anschreiben und den Lebenslauf Vorlagen, die Sie an jede Ausschreibung anpassen.

Akademische Zeugnisse. Fertigen Sie hiervon Kopien und elektronische Versionen an. Diese müssen bei Bewerbungen nicht beglaubigt sein.

Sonstige Zeugnisse. Bereiten Sie auch diese Dokumente für Bewerbungen vor, entscheiden Sie aber für jede Bewerbung neu, welche Sie zur Verbesserung Ihrer Chancen beilegen möchten.

Für die Zusammenstellung der Unterlagen ist es hilfreich, die Erwartungen in der Wissenschaft zu kennen. Diese Erwartungen werden im Folgenden getrennt für die drei verschiedenen Arten von Dokumenten dargestellt.

Variable Schriftstücke

Für die variablen Schriftstücke wie Anschreiben und Lebenslauf zeigt sich, dass für nahezu jede Bewerbung ein persönliches Anschreiben erwartet wird (vgl. Abbildung 24).

Auch ein tabellarischer Lebenslauf gehört zu den Standards einer wissenschaftlichen Bewerbung. Wenngleich einige Befragte dies nicht ausdrücklich wünschen, so ist es dennoch ratsam, einen solchen Lebenslauf beizufügen.

Persönliches Anschreiben und tabellarischer Lebenslauf sind Standards.

Das Gleiche gilt für ein Lichtbild. Mehr als die Hälfte sehen ein Bild als Standard für eine Bewerbung an. Selbst wenn ein nicht unerheblicher Teil der Befragten dies nicht für notwendig erachtet, so schadet es dennoch nicht, ein Bild beizufügen. Die Wirkung eines Lichtbilds sollte nicht unterschätzt werden.

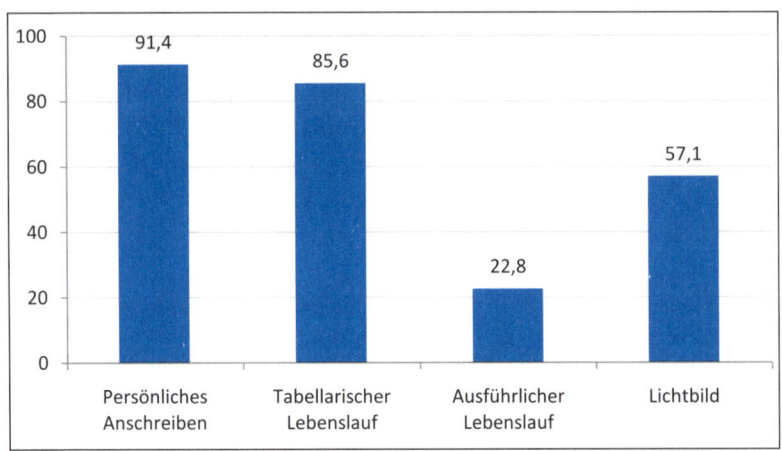

Abbildung 24: Relevanz variabler Schriftstücke (Angaben in Prozent; Mehrfachnennungen möglich)

Ausführlicher Lebenslauf kaum gewünscht

Anders verhält es sich mit einem ausführlichen Lebenslauf, bei dem der eigene Werdegang über Stichworte hinaus detailliert beschrieben wird. Weniger als ein Viertel der Befragten legt auf ein solches Dokument Wert. Aus diesem Grund kann auf diese Lebenslaufvariante bei Bewerbungen verzichtet werden.

Schul- und akademische Zeugnisse

Der zweite Typ von Dokumenten umfasst Schul- und Hochschulzeugnisse. Hier besteht eine deutliche Präferenz für an Hochschulen erworbene Zertifikate (vgl. Abbildung 25).

Gute Abiturzeugnisse auf jeden Fall beifügen

Weniger als die Hälfte erwartet ein Abiturzeugnis in der Bewerbungsmappe, aber knapp neun von zehn Wissenschaftlern in Einstellungspositionen legen großen Wert auf akademische Zeugnisse. Dies ermöglicht Spielräume bei der Entscheidung hinsichtlich der Zeugnisse: Sollten die Abiturergebnisse einen guten Eindruck hinterlassen, dann empfiehlt es sich, diese beizufügen. Hierdurch kann, bei ebenfalls ansprechenden akademischen Noten, die Kontinuität der eigenen Leistungen verdeutlicht werden.

Haben sich im Studium die Ergebnisse gegenüber der Schulzeit aber nachhaltig verbessert, kann auf das Abiturzeugnis verzichtet werden. Bei Unsicherheiten besteht die Möglichkeit, die ausschreibende Person zu fragen, ob ein Schulzeugnis gewünscht ist.

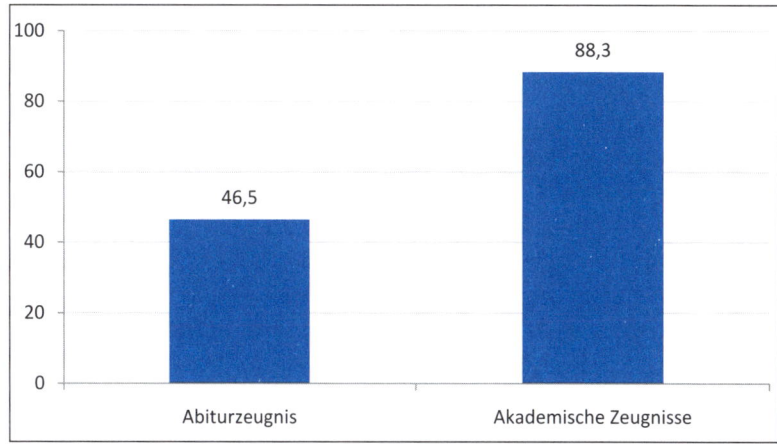

Abbildung 25: Relevanz schulischer und akademischer Zeugnisse (Angaben in Prozent; Mehrfachnennungen möglich)

Sonstige Zeugnisse

Zu den sonstigen Zeugnissen gehören Nachweise beruflicher Erfahrungen ebenso wie Zertifikate über Fort- und Weiterbildungen sowie Empfehlungsschreiben. Während Berufszeugnisse noch vergleichsweise häufig erwartet werden, wünscht sich nur knapp mehr als ein Drittel der Befragten Zertifikate oder Empfehlungsschreiben als Bestandteil der Bewerbungsunterlagen (vgl. Abbildung 26).

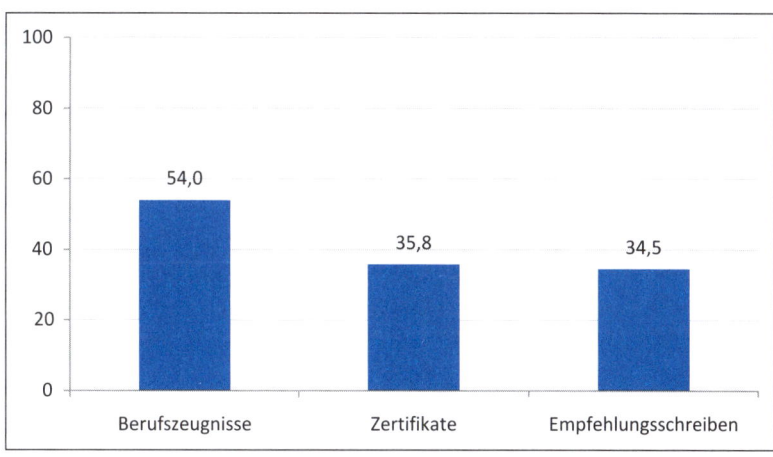

Abbildung 26: Relevanz sonstiger Zeugnisse (Angaben in Prozent; Mehrfachnennungen möglich)

Falls berufliche Vorerfahrungen vorliegen – und hierzu zählen auch solche als studentischer Mitarbeiter an Universitäten oder in Unternehmen – ist es günstig, Arbeitszeugnisse beizufügen. Für zukünftige Arbeitgeber ist die Einschätzung früherer Vorgesetzter bezüglich Arbeitsmotivation, gezeigter Leistungen und Teamfähigkeit eine wesentliche Information.

Zertifikate können hilfreich sein, manchmal aber auch kontraproduktiv. Wurde beispielsweise an einer Fortbildung zu Computerprogrammen teilgenommen, die als Standard gelten (z. B. Officeprogramme), dann sagen Zertifikate nicht: »Der Bewerber hat sich den Umgang mit diesen Programmen angeeignet.« Die Aussage solcher Zertifikate ist vielmehr: »Der Bewerber musste sich diese Kenntnisse erst durch Fortbildungen aneignen.« Zertifikate zeigen dann das Gegenteil dessen, was sie eigentlich bezwecken sollen. Sie attestieren Bewerbern unterdurchschnittliche Kompetenzen in den entsprechenden Bereichen. Ähnliches gilt im Übrigen auch für Sprachkurse in Englisch. Wenn sehr gute Englischkenntnisse erwartet werden, dann steht dahinter zumeist die Erwartung, an muttersprachliche Kompetenzen heranzureichen. Diese werden aber eher durch Auslandsaufenthalte als durch vierwöchige Sprachkurse erworben.

Reihenfolge der Dokumente

Damit die Bewerbungsunterlagen einen guten Eindruck hinterlassen und angemessen über die Person des Bewerbers informieren, ist die richtige Reihenfolge der Einzeldokumente nicht unbedeutend:

1. Variable Schriftstücke
   a) Anschreiben
   b) Deckblatt
2. Lebenslauf
3. Akademische Zeugnisse
   a) wahlweise chronologisch vorwärts (Abiturzeugnis zuerst) oder
   b) rückwärts (Promotions- oder Diplomurkunde zuerst)
4. Sonstige Zeugnisse
   a) Arbeitszeugnisse
   b) Praktikumszeugnisse
   c) Fortbildungszertifikate
5. Empfehlungsschreiben

Die Grundidee besteht darin, von sehr allgemeinen und übergreifenden Informationen (etwa im Anschreiben) ausgehend spezifischere Informationen zur Person (im Lebenslauf) und sodann zu akademischen Kompetenzen (durch Zeugnisse, Empfehlungsschreiben) zu vermitteln. Die in den nachfolgenden Kapiteln dargestellten Beispiele für Bewerbungsunterlagen orientieren sich an diesem klassischen Muster, das aus Gründen der Übersichtlichkeit hier vorab dargestellt wird.

Anschreiben (1–2 Seiten)   Deckblatt (1 Seite)

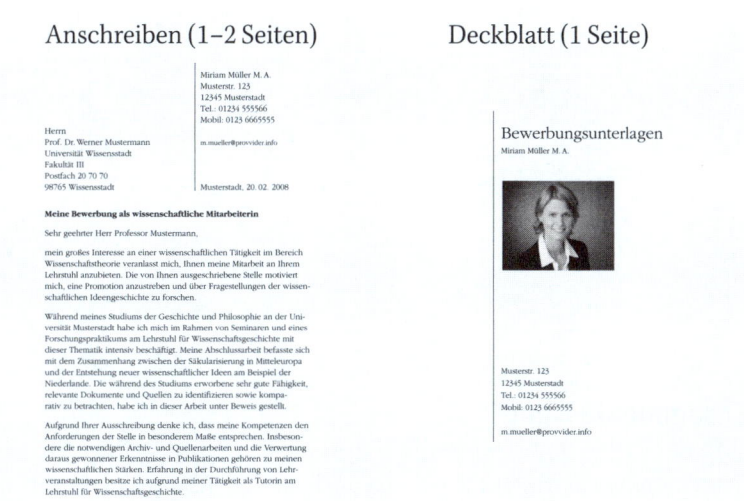

Lebenslauf (mehrere Seiten)   Akademische Zeugnisse (mehrere Seiten)

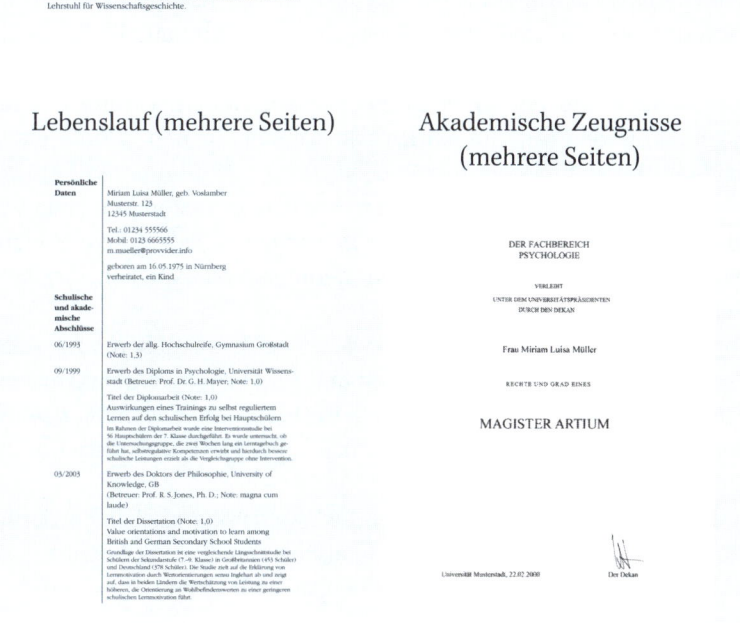

Sonstige Zeugnisse
(ggf. mehrere Seiten)

Zwischenzeugnis für Frau Miriam Müller, M.A.

Frau Miriam Müller, M.A. ist als wissenschaftliche Mitarbeiterin am Lehrstuhl für Empirische Bildungsforschung beschäftigt. Sie hat aktiv in den beiden Forschungsprojekten mitgewirkt.

Die Besonderheit der Tätigkeit ergibt sich aus der Struktur der beiden Projekte, wonach Frau Seiler sehr eigenständig und mit hoher Eigenverantwortung an der Planung, Koordination und Durchführung beteiligt ist. Dadurch ergeben sich folgende Verantwortungs- und Tätigkeitsfelder:

- Planung, Koordination und Durchführung der Datenerhebung
- Teamleitung der im Projekt angestellten studentischen Hilfskräfte
- Einarbeitung neuer studentischer Hilfskräfte
- Auswertung der Daten mittels Statistikprogrammen wie SPSS
- Erstellen von Dokumentationen
- Fachpublikationen im Rahmen des Hochbegabungs-Projektes

Des Weiteren ergeben sich folgende Aufgaben im Rahmen des universitären Betriebes:

- Dozententätigkeit – Planung und Durchführung einer Lehrveranstaltung im Grundstudium im lernpsychologischen Bereich
- Betreuung und Beratung von Studierenden des Grundstudiums im Rahmen ihrer Lehrveranstaltungen
- Prüfungsbeisitzerin im lernpsychologischen Bereich für 1. Staatsexamen im Lehramtsstudium
- Administrative Tätigkeiten
- Gutachtertätigkeit für eine Fachzeitschrift

Frau Müller ist eine überaus engagierte, verantwortungsbewusste, zielorientierte und zuverlässige Mitarbeiterin. Ihre Arbeitsweise ist vorausschauend und analytisch, so dass sie in kritischen Situationen Chancen zur Problemlösung erkennt und effektiv umsetzt. Sie erledigt trotz höchster Belastung aufgrund ihres Planungs- und Organisationsgeschicks die Aufgaben stets zu meiner vollsten Zufriedenheit und erzielt dabei stets sehr gute Ergebnisse. Sie leitet dabei das Team anforderungsgerecht und motiviert die studentischen Hilfskräfte zu sehr guten Leistungen.

Empfehlungsschreiben
(ggf. mehrere Seiten)

CUA

From: John Doe
The Catholic University of America
Washington, DC

To Whom It May Concern:

This is a letter of recommendation for Miriam L. Mueller. I met Miriam three years ago through the Chairperson of his department, who recommended that Miriam come to Washington to work with me in order to further his expertise on young people's civic development. Having had a long association with German social science researchers, I agreed and in October, 2003, Miriam arrived at our University ready to join our group. He stayed with us through March, 2004.

What an eventful and fortunate decision! Miriam immediately mastered two longitudinal data sets we had gathered on the role of community service in youth's development of civic identity. He read, synthesized, and raised questions about our previous decade of research on this topic. He familiarized himself with the U. S. literature, even bridging the fields of developmental psychology, sociology, and political science. He participated in my research group's ongoing meetings and in January, prepared and delivered a short course on structural equation modeling (SEM) for me and my team of researchers.

By February, he had also done analyses for and written first drafts of two manuscripts to be submitted for publication to scientific journals. Both were submitted before he left Washington; one is already in press in a German journal and the other is being revised on the basis of reviews we received from a U. S. journal. In addition, in his final weeks here, Miriam helped me prepare two manuscripts, one on the historical figure, G. Stanley Hall, who learned his developmental theory in Germany in the 1880s, and the other on a paper I would later deliver at a conference in Weinheim, Germany. The former paper benefitted from Miriam's surprising depth of historical knowledge and the latter was improved by Miriam's analysis of the interests of an audience of German social scientists.

I thought it would be best to start this letter with a straight-forward description of Miriam's work during his stay with us, rather than try to portray him with a list of abstract adjectives. Knowing his accomplishments, one can readily see what I mean by saying he is an especially productive and serious scholar, who is well grounded in theory and methods, and whose research is thoroughly thought out, and constructive for our discipline of youth studies. It would not be hyperbole to say that Miriam is one of the brightest and most creative young scholar-scientists I have known in my 42 years as a university professor. He is one of those rare individuals who belongs in the world of ideas because he respects theory as much as method, and sees the work of social science as part of and complementary to scholarship from other disciplines.

Zusammenfassung

Wie bei allen Bewerbungen ist es auch in der Wissenschaft wichtig, Bewerbungsunterlagen mit hoher Passung zur ausgeschriebenen Stelle einzureichen. Dies gelingt insbesondere durch das persönliche Anschreiben und den tabellarischen Lebenslauf. Hier können Informationen in den Mittelpunkt gerückt werden, die den Erfordernissen der Stellenausschreibung entsprechen.

Akademische Zeugnisse gehören ebenfalls zum Standard einer wissenschaftlichen Bewerbung und sollten in jedem Fall um das Zeugnis der Hochschulreife ergänzt werden, wenn dadurch eine konstant hohe Leistung verdeutlicht werden kann.

Wenngleich nicht durchweg erwartet, so können Berufszeugnisse doch ein Bild von Leistungsfähigkeit und Arbeitsmotivation vermitteln. Zusätzliche Zertifikate sollten den Bewerbungsunterlagen mit Bedacht beigefügt werden. Nicht jedes Zertifikat signalisiert besondere Kompetenzen.

Bei der Reihenfolge ist es ratsam, sich an der klassischen Sortierung von Anschreiben, Lebenslauf, akademischen und Berufszeugnissen sowie eventuellen Empfehlungsschreiben zu orientieren.

Das persönliche Anschreiben gestalten

Das Anschreiben stellt die Ouvertüre der Bewerbungsunterlagen dar. Es dient dazu, Aufmerksamkeit für den Hauptteil zu wecken und die wichtigsten Themen der Bewerbung vorzubereiten. Darüber hinaus ist das Anschreiben dafür gedacht, eine positive Grundhaltung zu erzeugen.

Je besser das persönliche Anschreiben in der Lage ist, diese positive Einstellung gegenüber einer Bewerbung zu schaffen, desto interessierter werden die weiteren Unterlagen gesichtet. Das beginnt bereits beim Umfang des Anschreibens (vgl. Abbildung 27).

Das Anschreiben schafft einen positiven Ersteindruck.

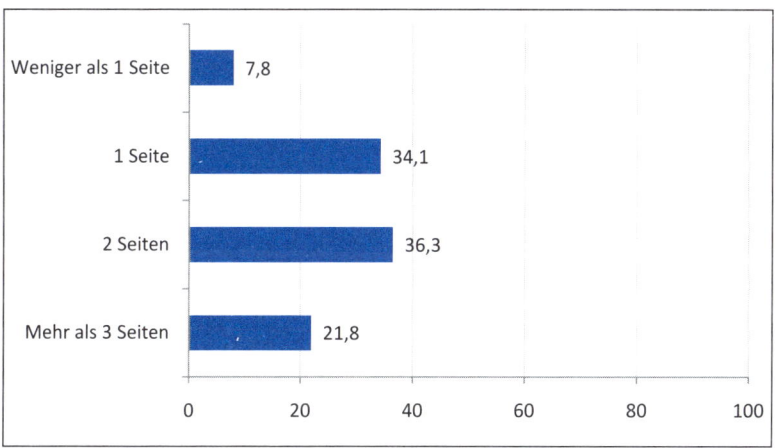

Abbildung 27: Seitenumfang des persönlichen Anschreibens (Angaben in Prozent)

Beim persönlichen Anschreiben wird nur selten weniger als eine oder mehr als drei Seiten erwartet. Häufiger werden Umfänge von einer bzw. zwei Seiten genannt. Hier ergeben sich jedoch deutliche Unterschiede zwischen den einzelnen Fachrichtungen (vgl. Abbildung 28).

In den Sprach-, Kultur- und Geisteswissenschaften darf das Anschreiben durchaus zwei Seiten umfassen und diesen Umfang tendenziell auch überschreiten. In den Sozial- und Naturwissenschaften gelten ein bis zwei Seiten als Standard, wobei etwas mehr als die Hälfte der Befragten dieser Disziplinen stärker zu zwei Seiten tendiert. In den In-

Der Umfang des Schreibens variiert je nach Disziplin.

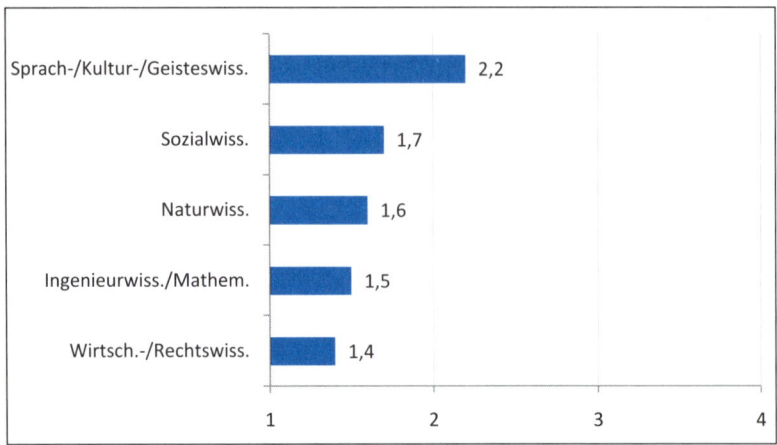

Abbildung 28: Durchschnittliche Seitenzahl des Anschreibens nach Fachrichtung

genieurwissenschaften, der Mathematik sowie in den Wirtschafts- und Rechtswissenschaften werden kürzere Anschreiben präferiert. Hier wird zwar durchaus mehr als eine Seite akzeptiert, weit mehr als eine Seite sollte in diesen Disziplinen jedoch nicht verfasst werden.

Der Umfang des Anschreibens stellt ein formales Kriterium dar. Der nächste Schritt für die Gestaltung des Anschreibens ist die richtige Gewichtung der Inhalte. Dabei ist zwischen den Bewertungskriterien für ein Anschreiben und der Relevanz von Informationen zu unterscheiden.

Bewertungskriterien für Anschreiben

Korrekte Rechtschreibung und gutes Ausdrucksvermögen sind Standard.

Die Bewertungskriterien zeigen an, wonach Stellenausschreibende die Anschreiben kategorisieren. Lohnt es, die weiteren Unterlagen durchzusehen, oder wird die Bewerbung nach Lektüre des Anschreibens aussortiert? Hier gibt es Standards wie korrekte Rechtschreibung, die in jedem Anschreiben vorausgesetzt werden. Aus diesem Grund wird die Rechtschreibung von den wenigsten Befragten als wichtiges Kriterium genannt. Weniger als ein Prozent führt die Rechtschreibung als besonders relevant an (vgl. Abbildung 29).

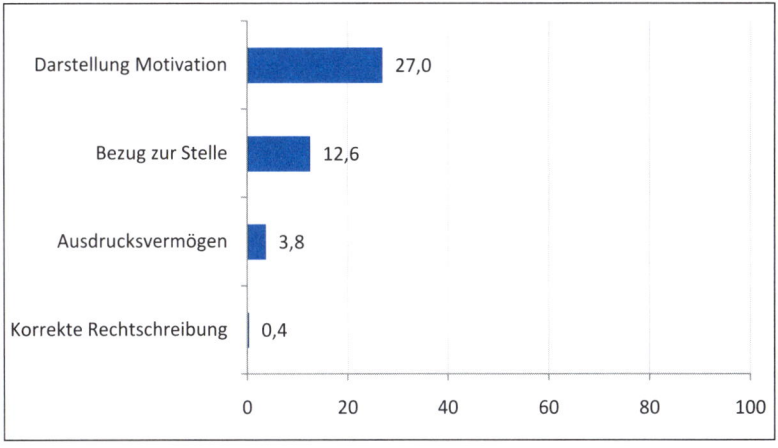

Abbildung 29: Wichtigstes Kriterium zur Einschätzung persönlicher Anschreiben (Angaben in Prozent)

Ebenfalls als Standard gilt ein gutes Ausdrucksvermögen. Die geringe Zustimmung zu diesem Kriterium bedeutet für zukünftige Vorgesetzte, dass diese Mindestanforderungen gegeben sein müssen. Niemand wird ernstlich eine Bewerbung berücksichtigen, die erhebliche sprachliche Mängel aufweist.

Über diese Standards hinaus ist die Darstellung der eigenen Motivation, sich auf die Stelle zu bewerben, besonders relevant. An zweiter Stelle folgt im Anschreiben der Bezug zur Stelle. Die Erwartungen gehen dahin, dass im Anschreiben die eigene Motivation zu einer wissenschaftlichen Karriere im Allgemeinen und das ausdrückliche Interesse an der ausgeschriebenen Stelle im Besonderen aus dem Anschreiben ersichtlich werden.

Die Darstellung der Motivation ist besonders wichtig.

Tipps zur Motivationsbeschreibung

1. Treffen Sie gezielte Aussagen und vermeiden Sie allgemeine Floskeln. Achten Sie darauf, dass Ihre Motivationsdarstellung einen engen Bezug zur ausgeschriebenen Stelle besitzt.
2. Unterscheiden Sie zwischen der Motivation für eine wissenschaftliche Laufbahn und der Motivation, die spezifische Stelle antreten zu wollen. Berücksichtigen Sie in Ihren Formulierungen beide Aspekte.
3. Formulieren Sie klare Aussagen und verzichten Sie auf Konjunktive. Die Sprache verrät die Intensität Ihrer Motivation. Sätze wie »Ich könnte mir gut vor-

stellen ...« klingen weniger zielorientiert als direkte Aussagen: »Ich bin sehr daran interessiert ...«.

4. Stellen Sie den Nutzen für den Ausschreibenden heraus. Formulieren Sie eindeutig, welchen Gewinn zukünftige Chefs daraus ziehen, Sie einzustellen, und warum Sie in besonderem Maße für das Stellenprofil geeignet sind.

Das Anschreiben beginnt folglich mit der Darstellung der Motivation, die eigene wissenschaftliche Karriere genau mit dieser Stelle zu beginnen oder fortzusetzen. Diese Motivationsdarstellung ist ein guter Anknüpfungspunkt für die erwarteten inhaltlichen Aussagen im Anschreiben.

Die wichtigsten Informationen im Anschreiben

Wissenschaftlichen Werdegang und Kompetenzen zu Beginn darstellen

Befragt danach, welche Informationen im Anschreiben besonders relevant sind, zeigt sich eine deutliche Präferenz für die Darstellung des wissenschaftlichen Werdegangs und der wissenschaftlichen Kompetenzen sowie der Gründe für die Passung der eigenen Person zur Stelle (vgl. Abbildung 30).

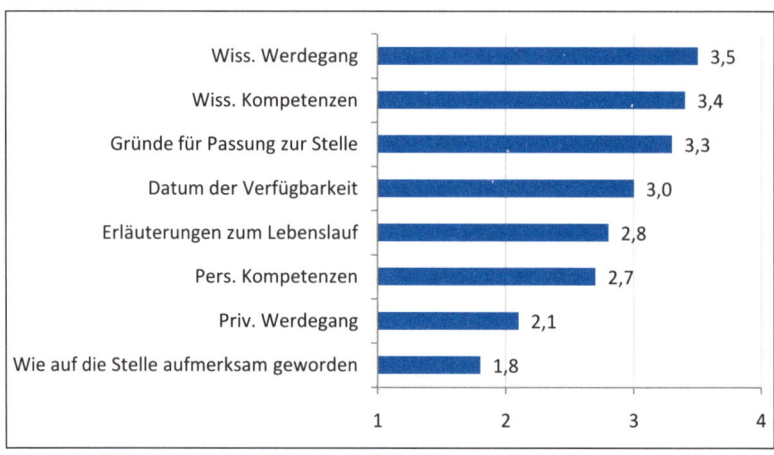

Abbildung 30: Relevanz von Informationen im persönlichen Anschreiben (Mittelwerte; 1-völlig unwichtig bis 4-sehr wichtig)

Stellenausschreibende sind beim Anschreiben besonders daran interessiert, die Vita der Bewerber und die im Laufe der Biografie erworbenen Kompetenzen komprimiert kennenzulernen. Basierend auf dieser wissenschaftlichen Biografie sollen Bewerber dann deutlich machen, warum sie sich für die ausgeschriebene Stelle eignen.

Es geht beim Anschreiben rhetorisch darum, gute Argumente für die Einstellung der eigenen Person zu liefern – wie bei einem vorweggenommenen Bewerbungsgespräch, in dem die Frage gestellt wird: »Warum sollte ich ausgerechnet Sie einstellen?« Die im Anschreiben aufgeführten Argumente sollten daher sachlich in der wissenschaftlichen Laufbahn des Bewerbers begründet sein.

Anschreiben: gute Argumente für die Einstellung des Bewerbers

Die beste Antwort gewinnt – sachlich argumentieren und nicht schönreden

Nicht jeder verfügt über eine beachtliche wissenschaftliche Laufbahn mit zahlreichen Auslandsaufenthalten an renommierten Hochschulen und einer langen Liste internationaler Publikationen. Die Regel sind vielmehr Ausbildungskarrieren an deutschen Hochschulen mit gelegentlich einem Auslandssemester. Hochschulabsolventen haben über die Abschlussarbeit hinaus zu Publikationen in der Regel keine Gelegenheit erhalten. Konzentrieren Sie sich deshalb darauf, Inhalte sachlich darzustellen.

Sachliche Darstellung. Stellen Sie die Inhalte Ihres Studiums und ggf. Ihrer Promotion dar. Zeigen Sie Kompetenzen auf, die Sie in dieser Zeit erworben haben.

Realistische Beschreibung. Stilisieren Sie einen dreiwöchigen Sprachurlaub nicht zur internationalen Forschungstätigkeit und erwecken Sie nicht den Eindruck, ein Praktikum in einer Forschungseinrichtung sei ein Ruf nach Harvard. Konzentrieren Sie sich darauf, Erfahrungen dieser Art auf die ausgeschriebene Stelle zu beziehen.

Kompetenzen sortieren. Niemand kann alles gleich gut. Machen Sie bei der Darstellung Ihrer wissenschaftlichen Kompetenzen deutlich, was Sie besonders gut beherrschen.

Grenzen darstellen. Gerade nach dem Hochschulabschluss können Bewerber nicht alles, was in der Ausschreibung verlangt wird. Niemand wird ernstlich glauben, dass Sie durch den Abschluss für die Durchführung komplexer Untersuchungen vollkommen qualifiziert sind. Skizzieren Sie Ihre besonderen wissenschaftlichen Kompetenzen und weisen Sie gleichzeitig darauf hin, welche Fähigkeiten Sie sich im Rahmen der Stelle aneignen werden.

Die richtige Mischung. Achten Sie darauf, dass vorhandene und noch zu er- werbende Fertigkeiten im richtigen Verhältnis zueinander stehen. Legen Sie den Schwerpunkt folglich auf das, was Sie können.

Das Ziel im Anschreiben ist, sachbezogene Argumente zu liefern. Im wissen- schaftlichen Kontext ist die beste Präsentation der eigenen Person eine realisti- sche Präsentation.

Die weiteren relevanten Informationen im Anschreiben sind das Datum der Verfügbarkeit, Erläuterungen zur eigenen Biografie über den wis- senschaftlichen Bereich hinaus sowie die Darstellung persönlicher Kompetenzen.

Die Angabe der zeitlichen Verfügbarkeit ermöglicht die Planung bei der Stellenbesetzung. Erläuterungen zum Lebenslauf geben Gelegen- heit, Kompetenzen darzustellen, die zwar außerhalb der Wissenschaft erworben wurden, aber für die Stelle nützlich sind. Hierzu gehören bei- spielsweise Projektleitungen oder konzeptionelle Tätigkeiten in Unter- nehmen oder anderen Institutionen.

Lücken im Lebenslauf nicht hervorheben Nicht sinnvoll ist es, im Anschreiben Gründe für »Lücken« im Le- benslauf zu liefern. Damit wird zum einen direkt auf diese Lücken auf- merksam gemacht, die ansonsten eventuell wenig Beachtung gefunden hätten. Zum anderen wird eine allzu euphemistische Erklärung von Lücken relativ rasch durchschaut.

Gute Kompe- tenzen zuerst nennen Zu den persönlichen Kompetenzen zählen Flexibilität, Belastbarkeit, Auffassungsvermögen, Teamfähigkeit u. a. Für die persönlichen Kom- petenzen gilt, was auch für die wissenschaftlichen Fähigkeiten wesent- lich ist: Persönliche Faktoren sollten gemäß ihren Ausprägungen ge- nannt werden, wobei hohe Kompetenzen an erster Stelle stehen. Auch wenn es schöner klingt, ist auf die Nennung von Kompetenzen, über die Bewerber nicht verfügen, zu verzichten. Im persönlichen Gespräch könnte dies von Stellenausschreibenden erkannt werden und somit die gesamte Bewerbung an Glaubwürdigkeit verlieren.

Die Darstellung des privaten Werdegangs wird im Anschreiben ebenso wenig erwartet wie die Information, wo die Ausschreibung ge- lesen wurde. Bewerbungsanschreiben beginnen besonders häufig mit Aussagen wie »Ich bin durch den Stellenmarkt von academics.de auf- merksam geworden ...« oder auch »Wie ich der Jobbörse der Universität Hannover entnehme ...«.

Hierbei handelt es sich um eine nachrangige Information, die eher dazu beiträgt, das Interesse an Bewerbern zu verlieren. Beim Anschreiben geht es darum, direkt auf den Punkt zu kommen und herauszustellen, warum ein Bewerber und die ausgeschriebene Stelle gut zusammenpassen.

Irrelevante Informationen weglassen

Fachspezifische Inhalte des Anschreibens

Insgesamt unterscheiden sich die inhaltlichen Erwartungen an das Anschreiben zwischen den verschiedenen Fächern nicht. Es gibt lediglich drei Besonderheiten, auf die hingewiesen wird (vgl. Abbildung 31).

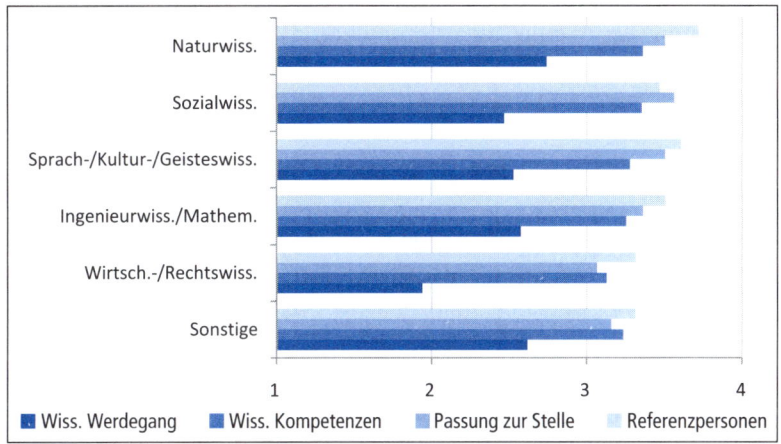

Abbildung 31: Fachspezifische Relevanz von Informationen im persönlichen Anschreiben (Mittelwerte; 1-völlig unwichtig bis 4-sehr wichtig)

Die erste Besonderheit betrifft die Relevanz von Referenzpersonen. Diese spielen in den meisten Fächern keine oder nur eine untergeordnete Rolle. In den Naturwissenschaften und tendenziell in der Mathematik und den Ingenieurwissenschaften ist die Nennung einer Referenzperson jedoch günstig. In den Sprach-, Kultur-, Geistes- sowie den Sozialwissenschaften wird hierauf nur in durchschnittlichem Maße Wert gelegt. Gleiches gilt für die sonstigen Fächer, in denen die Angabe einer Referenzperson zwar nicht nachteilig sein wird; zwingende Voraussetzung ist eine solche Nennung für eine erfolgreiche Bewerbung jedoch nicht.

In technischen Fächern empfiehlt sich die Nennung einer Referenzperson.

Der zweite Unterschied betrifft die Gewichtung von wissenschaftlichem Werdegang und wissenschaftlichen Kompetenzen. In den Sozialwissenschaften hat die Aufzählung wissenschaftlicher Kompetenzen leichten Vorrang vor der Darstellung des wissenschaftlichen Werdegangs.

Wirtschafts- und Rechtswissenschaften: Gründe für die Passung zur Stelle

Drittens wird in den Wirtschafts- und Rechtswissenschaften Wert auf Argumente für eine gute Passung des Bewerbers zur Stelle gelegt. Dieser Aspekt ist im Vergleich mit den anderen Disziplinen leicht nachgeordnet, besitzt aber innerhalb des Faches eine etwas größere Relevanz als die Darstellung der wissenschaftlichen Kompetenzen.

Aus den fachspezifischen Besonderheiten folgt, dass in den naturwissenschaftlichen und technischen Fächern die Nennung einer Referenzperson sinnvoll ist. In sozialwissenschaftlichen Bewerbungen sind zuerst die Kompetenzen und nachfolgend der Werdegang zu beschreiben und in den Wirtschafts- und Rechtswissenschaften sollten auf die Darstellung des Werdegangs Argumente folgen, die die Passung zur Stelle begründen.

Beispiele für Bewerbungsanschreiben

Aus den genannten Informationen lassen sich Hinweise für eine inhaltlich gelungene Gestaltung des Anschreibens ableiten. Im Folgenden werden zur Veranschaulichung zunächst zwei Beispiele dafür gegeben, wie Anschreiben **nicht** verfasst werden sollten. Im ersten Beispiel handelt es sich um eine Version, bei der nicht nur die Reihenfolge der Informationen ungünstig ist, sondern auch die Formulierungen keine gute Werbung in eigener Sache sind. Das zweite Beispiel zeigt, wie ein zu kurz verfasstes Anschreiben die Chancen der eigenen Bewerbung mindert.

Sehr geehrte Damen und Herren,

So bitte nicht!

ich habe auf academics.de Ihre Stellenauss~~chrift~~ ~~12.~~2008 »Wiss. Mitarbeiter – Sozialwissenschaftliche Forschungsmethoden« (academics.de/anzeigen/stellen/forschungsmethoden_shrl2342346_675.html) mit ganz großem Interesse gelesen. Die Stelle würde mir gut gefallen. Ich habe mich schon auf viele Stellen beworben, aber diese würde mich außerordentlich interessieren.

Ich bin sehr engagiert und flexibel und bemühe mich immer, Aufgaben gut zu erledigen. Lehrveranstaltungen haben mir schon als Student Spaß gemacht und

ich kann mir gut vorstellen, selber mal als ‿‿‿‿‿ ‿rbeiten. Sie können Herrn
Dr. Simon Standard (simon.standard@provider... *So bitte nicht!* ‿r immer sehr
engagiert in meinem Studium, in dem ich mich viel mit ⌐⌐⌐
insbesondere Statistiken und Auswertungen von Daten, beschäftigt habe, ‿
ich könnte mir auch vorstellen, so etwas weiterhin an der Universität zu machen,
zumal ich auch schon eine Fortbildung des Rechenzentrums meiner Universität
zu einem Statistikprogramm besucht habe, was mir großen Spaß bereitet hat.

Dass ich gerne lese und mich somit fit mache für die Stelle, sieht man schon an
meinen Hobbys, denn ich lese sehr gerne. Darüber hinaus mache ich Sport (Vol-
leyball) und gehe gerne in Museen.

Ich schicke Ihnen die wichtigsten Bewerbungsunterlagen, wenn Sie sonst noch
etwas über mich wissen wollen, dann schicken Sie mir einfach eine E-Mail oder
rufen Sie mich an.

Ich hoffe, Ihnen gefällt meine Bewerbung, und ich würde mich über ein Vorstellungsgespräch sehr freuen, damit ich Sie und Ihre Universität persönlich kennenlernen kann.

Hochachtungsvoll

Timo Typisch

Dieses Anschreiben offenbart bereits bei der ersten Lektüre gravierende
Mängel. Der Sprachstil ist zu leger, der Bezug zur Stelle, ist nicht gegeben und es werden zahlreiche Informationen angeführt, die für die
Entscheidung seitens der Ausschreibenden irrelevant sind. Die Mängel
sind im Einzelnen:

Struktur

- Das Anschreiben wird mit dem unwesentlichen Verweis auf die Ausschreibung eingeleitet und durch die überflüssige Angabe der Inter-
  netadresse des Ausschreibungstextes ergänzt.
- Persönliche Stärken werden den wissenschaftlichen Kompetenzen
  vorangestellt und die Freizeitaktivitäten zu ausführlich dargelegt.
- Insgesamt werden irrelevante Informationen zu deutlich in den Vordergrund gerückt.

Die Struktur
entspricht nicht
der Reihenfolge
relevanter
Informationen.

Inhalte

- Der Bezug zur Stelle wird lediglich über das große Interesse und ohne eine Begründung hergestellt. Die Einleitung signalisiert im Klartext, dass bisherige Bewerbungen erfolglos waren und nun eine beliebige Stelle gesucht wird. Dies erhöht nicht den Marktwert der Bewerbung.
- Die wissenschaftlichen Kompetenzen reduzieren sich darauf, dass das eigene Studium Spaß gemacht habe, das Engagement hoch gewesen sei und eine Fortbildung für Statistikprogramme besucht wurde.
- Der Verweis auf eine Referenzperson ist an dieser Stelle unangebracht.
- Gleiches gilt für die Darstellung der Hobbys.
- Der Verweis auf die Bewerbungsunterlagen und die Möglichkeit, weitere Unterlagen anzufordern, signalisiert die Lückenhaftigkeit der Bewerbung. Zudem müssen Ausschreibende von sich aus aktiv werden, um weitere Informationen über den Bewerber zu erhalten.
- Die Aussage im abschließenden Abschnitt, Person und Universität kennenlernen zu wollen, ist irritierend. Zudem lässt sich diese Aussage auch dahin gehend interpretieren, dass der Ausschreibende sich dem Bewerber präsentieren muss und nicht umgekehrt.
- Insgesamt ermöglichen die dargestellten Inhalte in keiner Weise eine fundierte Entscheidung darüber, ob der Bewerber für die Stelle geeignet ist oder nicht.

Sprache

- Die Ausdrucksweise ist wenig seriös und eher umgangssprachlich (z. B.: »... schicken Sie mir einfach ...«; »... mich somit fit mache ...«).
- Die Anrede ist zu allgemein gehalten und zeigt an, dass der Bewerber sich nicht die Mühe macht, das Anschreiben persönlich an den Stellenausschreibenden zu richten. Nur in wenigen Fällen muss auf diese Anrede zurückgegriffen werden, nämlich dann, wenn die faktisch einstellende Person nicht ermittelt werden kann.
- Es werden zu viele Konjunktive verwendet, die keine Sicherheit der eigenen Person vermitteln.
- Aussagen wie jene, sich zu »bemühen«, können auch als erfolglose Versuche, etwas erreichen zu wollen, gelesen werden.
- Die Grußformel »Hochachtungsvoll« ist mittlerweile eher unüblich und wird häufig als veraltet empfunden.

- Insgesamt vermittelt der Sprachstil keinen seriösen Eindruck und erleichtert die Entscheidung, einen Bewerber abzulehnen.

Das zweite Beispiel wirkt im Vergleich zum vorherigen Anschreiben auf den ersten Blick seriöser, ist jedoch zu kurz gehalten.

Sehr geehrter Herr Professor Mustermann

ich bewerbe mich auf die von Ihnen ausgeschrieb̲.̲ *So bitte nicht!* ̲.̲nschaft-licher Mitarbeiter im Fachgebiet »Sozialwissenschaftliche ̲Fͅo̲rͅs̲.̲. den«. Ich beabsichtige eine Promotion im Bereich Sozialstatistik und verwei̲s̲e für Ihre Entscheidung, mich zu einem persönlichen Gespräch einzuladen, auf die beiliegenden Bewerbungsunterlagen.

Mit freundlichem Gruß

Timo Typisch

Der Sprachstil wirkt durchaus seriös, wenngleich sehr nüchtern. Es werden nur knappe Informationen gegeben. Der Verweis auf die Unterlagen deutet an, dass der Bewerber es nicht für nötig befindet, ein ansprechendes Anschreiben zu verfassen. Auch scheint hier eine zu große Selbstsicherheit durch, wonach die einstellende Person nach Durchsicht der Unterlagen zu keiner anderen Entscheidung kommen kann, als den Bewerber zum Gespräch einzuladen.

> Nüchterner Sprachstil, wenige Informationen und zu große Selbstsicherheit

Anschreiben aus der Perspektive von zukünftigen Chefs lesen

Für das Verfassen eines möglichst optimalen Anschreibens ist es hilfreich, sich in die Person des Ausschreibenden zu versetzen. Hierbei sind die folgenden Fragen von Bedeutung:

- Macht mich das Anschreiben neugierig auf den Bewerber?
- Muss ich aktiv werden, um mir ein möglichst umfassendes Bild machen zu können, indem ich beispielsweise weitere Unterlagen anzufordern habe?
- Welche Person habe ich vor Augen, wenn ich das Anschreiben lese? Kann ich mir darunter jemanden vorstellen?

Da es durchaus schwierig sein kann, Distanz zur eigenen Person und Bewerbung aufzubauen, empfiehlt es sich, eine andere Person darum zu bitten, Ihnen diese Fragen nach Lektüre des Anschreibens zu beantworten.

Nach diesen beiden Negativbeispielen verdeutlicht das folgende An-schreiben, wie formuliert werden kann, um die eigene Bewerbung in besonders gutem Licht erscheinen zu lassen. Da Unterschiede zwischen den Fächern nicht durchweg systematisch sind, kann das Anschreiben als Musterbeispiel gelten.

Sehr geehrter Herr Professor Mustermann,

mein großes Interesse an einer wissenschaftlichen Tätigkeit im Bereich Wissenschaftstheorie veranlasst mich, Ihnen meine Mitarbeit an Ihrem Lehrstuhl anzubieten. Die von Ihnen ausgeschriebene Stelle motiviert mich, eine Promotion anzustreben und über Fragestellungen der wissenschaftlichen Ideengeschichte zu forschen.

Während meines Studiums der Geschichte und Philosophie an der Universität Musterstadt habe ich mich im Rahmen von Seminaren und eines Forschungspraktikums am Lehrstuhl für Wissenschaftsgeschichte mit dieser Thematik intensiv beschäftigt. Meine Abschlussarbeit befasste sich mit dem Zusammenhang zwischen der Säkularisierung in Mitteleuropa und der Entstehung neuer wissenschaftlicher Ideen am Beispiel der Niederlande. Die während des Studiums erworbene sehr gute Fähigkeit, relevante Dokumente und Quellen zu identifizieren sowie komparativ zu betrachten, habe ich in dieser Arbeit unter Beweis gestellt.

Aufgrund Ihrer Ausschreibung denke ich, dass meine Kompetenzen den Anforderungen der Stelle in besonderem Maße entsprechen. Insbesondere die notwendigen Archiv- und Quellenarbeiten und die Verwertung daraus gewonnener Erkenntnisse in Publikationen gehören zu meinen wissenschaftlichen Stärken. Erfahrung in der Durchführung von Lehrveranstaltungen besitze ich aufgrund meiner Tätigkeit als Tutorin am Lehrstuhl für Wissenschaftsgeschichte.

Meine bisherige Biografie ist durch ein zügiges und intensives Studium gekennzeichnet. Neben dem Studium habe ich mich zudem in diversen Praktika und ehrenamtlichen Tätigkeiten engagiert und dort vielfältige Fähigkeiten in der Organisation und Durchführung kleinerer Projekte erworben.

Sehr geehrter Herr Professor Mustermann, aufgrund meiner bisherigen Forschungs- und Lehrtätigkeit bringe ich für die ausgeschriebene Stelle als persönliche Stärken hohes Engagement, Flexibilität und Belastbarkeit ein. Ich freue mich darauf, Ihnen in einem Gespräch meine wissenschaftlichen Kompetenzen erläutern zu können und mich Ihnen persönlich vorzustellen.

Mit freundlichen Grüßen

Miriam Müller

Das Anschreiben ist eher kurz gefasst, enthält jedoch die wichtigsten Informationen zur Person der Bewerberin. Im ersten Abschnitt wird die Motivation für die Bewerbung geschildert. Es wird deutlich, dass die ausgeschriebene Stelle Grund für die Entscheidung ist, eine wissenschaftliche Laufbahn einzuschlagen.

Erster Abschnitt: Motivation

Der zweite Abschnitt stellt den wissenschaftlichen Werdegang dar und zeigt die während des Studiums erworbenen Kompetenzen auf. Diese werden im dritten Abschnitt als Grundlage herangezogen, um die Passung der eigenen Person zur ausgeschriebenen Stelle zu begründen. Dabei werden Prioritäten gesetzt. An erster Stelle werden die Fähigkeiten des Forschens genannt und erst nachfolgend die Lehrkompetenzen.

Zweiter Abschnitt: wissenschaftliche Kompetenzen

Knappe Angaben zu weiteren Tätigkeiten runden das Anschreiben ab und verweisen gleichzeitig als Überleitung auf die persönlichen Kompetenzen. Die nochmalige direkte Anrede im letzten Abschnitt stellt den persönlichen Bezug zum Ausschreibenden her und verleiht dem Schreiben Individualität. Der letzte Satz signalisiert schließlich das Interesse an einem Vorstellungsgespräch und – besonders hervorhebenswert – zeigt den möglichen Nutzen für den Ausschreibenden auf, der sich aus einem persönlichen Gespräch ergibt.

Dritter Abschnitt: persönliche Kompetenzen

Die Struktur des Schreibens ist inhaltlich klar und wird durch die formale Gliederung in Absätze unterstützt. Gleichzeitig sind die Absätze inhaltlich verbunden, indem der letzte Satz eines Abschnitts als Überleitung für die nachfolgende Passage genutzt werden kann.

Tipps zur formalen und inhaltlichen Struktur von Anschreiben

1. Machen Sie sich zu jedem inhaltlichen Punkt eines Anschreibens zunächst Notizen. Welche Inhalte wollen Sie vermitteln und welche Schwerpunkte sollen gesetzt werden?
2. Gleichen Sie Ihre Notizen mit den formalen und inhaltlichen Einstellungsvoraussetzungen ab. Ergänzen Sie fehlende Erwartungen der Ausschreibung in Ihren Notizen bzw. wählen Sie aus, auf welche Erwartungen Sie in Ihrem Anschreiben eingehen möchten und auf welche nicht.
3. Formulieren Sie Ihre Stichworte aus. Probieren Sie dabei alternative Varianten und überlegen Sie, welche Formulierungen Ihrer Persönlichkeit am ehesten entsprechen.
4. Fügen Sie die Formulierungen innerhalb der einzelnen Abschnitte zusammen. Bestimmen Sie das Gewicht jeder Aussage und positionieren Sie sie dementsprechend an den Beginn oder an das Ende eines Absatzes.

5. Prüfen Sie, ob die von Ihnen gesetzten Attribute (»ausgezeichnete Kompetenzen«; »sehr gute Kompetenzen«; »gute Kompetenzen« etc.) Ihrer tatsächlichen Kompetenzhierarchie entsprechen. Konzentrieren Sie sich auf Fähigkeiten, die Sie besitzen.

6. Achten Sie darauf, dass der letzte Satz eines Abschnitts den möglichst flüssigen Übergang zum nachfolgenden Text ermöglicht.

7. Überarbeiten Sie den Gesamtentwurf des Anschreibens. Achten Sie dabei auf eine klare inhaltliche Struktur.

8. Kürzen Sie das Anschreiben, falls es den empfohlenen Rahmen überschreitet. Konzentrieren Sie sich auf die zentralen Aussagen.

9. Strecken Sie ein kurzes Anschreiben nicht unnötig. Sind alle wesentlichen Informationen enthalten, sollten Sie es bei der Länge belassen.

10. Geben Sie das Anschreiben anderen Personen zur Lektüre und bitten Sie um Rückmeldung, wie flüssig sich Ihr Anschreiben liest und wie es interpretiert wird. Korrigieren Sie ggf. Formulierungen.

Klare Vorstellungen signalisieren Insgesamt ist der Duktus dieses Schreibens eher bestimmend. Es wird gänzlich auf Konjunktive verzichtet und die Ich-Form dominiert. Dies signalisiert klare Vorstellungen und angemessenes Selbstbewusstsein. Gleichzeitig sind die Aussagen verständlich formuliert, auf komplizierte Satzkonstruktionen wird zumeist verzichtet.

Tipps für den sprachlichen Ausdruck

1. Verwenden Sie eine klare Sprache. Wählen Sie einen Stil, der den Leser nicht über- oder unterfordert.

2. Nutzen Sie Fremdwörter nur dort, wo sie notwendig sind, beispielsweise wenn es um die Fachterminologie geht.

3. Ein einfacher Satzbau unterstützt Ihre klaren Aussagen. Konstruktionen mit Haupt- und Nebensätzen sind aber möglich, sofern ein eindeutiger Bezug zwischen beiden Satzteilen besteht. Prüfen Sie bei komplexen Konstruktionen, ob sich diese besser in zwei Hauptsätze überführen lassen.

4. Verzichten Sie nach Möglichkeit auf optische Hervorhebungen, wie beispielsweise Ausrufe- oder Anführungszeichen. Fettdruck, Unterstreichungen oder Kursivsatz sollten gänzlich vermieden werden. Dies würde signalisieren, dass nur ein Teil Ihres Anschreibens von Interesse ist.

5. Vermeiden Sie häufige Wiederholungen einzelner Begriffe oder Phrasen. Wörter wie »Kompetenz« oder »ausgezeichnet« sollten mit Bedacht einge-

setzt werden. Finden Sie Alternativen und wenden Sie in moderater Form passende Synonyme an.

6. Konjunktive signalisieren Unsicherheiten. Verwenden Sie diese daher sparsam. In Verbindung mit Ihrer Person sind sie ungeeignet. Schreiben Sie beispielsweise »Ich bringe meine Fähigkeiten als … ein« statt »Ich würde meine Fähigkeiten als … einbringen«.

7. Nutzen Sie bei Aussagen über Ihre Person die Ich-Form. Achten Sie dabei aber auf eine angemessene Verwendung. Zu häufige Formulierungen wirken unter Umständen überheblich, zu seltene Verwendung signalisiert Unsicherheiten.

Nachdem das Anschreiben fertiggestellt ist, empfiehlt sich eine intensive Korrektur. Gerade wenn Stellenausschreibende Rechtschreibung und Grammatik als Standard ansehen, sollte der Text fehlerfrei sein. Da eigene Fehler manchmal nicht mehr erkannt werden, ist es ratsam, professionelle Rechtschreib- und Grammatikkorrektursoftware wie den Duden Korrektor einzusetzen. Auch das Korrekturlesen durch sprachlich versierte Bekannte oder Freunde hilft, die Qualität des Anschreibens zu verbessern.

Gründliche Korrektur ist wichtig.

Das Layout eines Anschreibens

Auch wenn Bewerbungen in der Wissenschaft eher klassisch gehalten werden sollen, ist dies nicht gleichzusetzen mit einer »farblosen« grafischen Umsetzung. Generell gilt für die Bewerbung, ein dezentes Layout zu wählen und auf spielerische Verzierungen oder Grafiken bzw. Bilder zu verzichten. Dieses Layout sollte für alle Bewerbungsunterlagen gelten, damit die Bewerbung als Gesamtkonzept wahrgenommen wird. Da das Anschreiben den Einstieg in die Unterlagen darstellt, werden bei dessen Layout die gestalterischen Standards für die folgenden Dokumente wie den Lebenslauf etc. gesetzt.

Anschreiben in dezentem Layout

Allgemeine Regeln für das Layout von Anschreiben

1. Für Layouts wissenschaftlicher Bewerbungen gilt, dass weniger in diesem Fall mehr ist. Eine dezente Gestaltung mit der Beschränkung auf das Notwendigste vermittelt Seriosität und signalisiert die Sachlichkeit der Bewerbung.

2. Die aufwendige Gestaltung von Bewerbungen erfordert mediengestalterische Kompetenz, die in der Regel erst gelernt sein will. Deshalb ist es ratsam, statt eigener grafischer Experimente auf klassische, erprobte Formate zurückzugreifen. Dies können Vorlagen in Textverarbeitungsprogrammen sein oder Vorlagen aus Bewerbungsratgebern, beispielsweise aus »Duden: Professionelles Bewerben – leicht gemacht«.

3. Für das Anschreiben gibt es Konventionen, die zu berücksichtigen sind. Dies sind gängige Regeln für die Platzierung von Adress- und Absenderfeld, Datum, Betreffzeile etc.; vgl. »DIN 5008 – Schreib- und Gestaltungsregeln für die Textverarbeitung«.

4. Bereits erwähnt wurde, dass im Text auf Fett- oder Kursivdruck sowie Unterstreichungen zu verzichten ist. Dies erzeugt ein unruhiges Gesamtbild und hebt zudem statt des gesamten Anschreibens nur einzelne Inhalte in den Vordergrund.

5. Fertigen Sie eine Vorlage für Ihre Anschreiben an, speichern Sie sie als geschützte Datei und verwenden Sie diese Vorlage für alle weiteren Bewerbungsanschreiben. Dadurch sparen Sie nicht nur Zeit, sondern Sie stellen auch sicher, dass das Layout des Anschreibens sich nicht verändert und auch später noch zur Gestaltung der übrigen Bewerbungsunterlagen passt.

Einheitliche Stilelemente verwenden

Das bedeutet: Je weniger stilistische Elemente ein Anschreiben enthält, desto mehr Möglichkeiten ergeben sich für die Gestaltung der Bewerbungsunterlagen. Wenn beispielsweise im Anschreiben für die Kopfzeile ein grau unterlegter Bereich mit der Anschrift des Bewerbers gewählt wird, dann sollte aus Gründen der Einheitlichkeit dieses Balkenformat auch in den weiteren Unterlagen verwendet werden. Dennoch kann es durchaus von Vorteil sein, bereits im Anschreiben ein dezentes gestalterisches Element einzuführen, das durchgängig in den Unterlagen auftaucht und den Eindruck eines einheitlichen Gesamtbildes begünstigt. Ein solches Stilelement kann eine bestimmte Schriftart oder die Verwendung gestrichelter Linien sein.

Beispiele für ein Bewerbungslayout

Besonders deutlich wird die Wirkung des Layouts, wenn zunächst ein wenig gelungenes Format dargestellt wird. Bei diesem Layout wird bei der Gestaltung kaum ein Fehler ausgelassen.

Miriam Müller
Musterstr. 123
12345 Musterstadt

So bitte nicht!

Herrn
Prof. Dr. Werner Mustermann
Universität Wissensstadt
Fakultät III
Postfach 20 70 70
98765 Wissensstadt

Musterstadt, den 20.02.2008

Betr.: Meine Bewerbung als wissenschaftliche Mitarbeiterin

Sehr geehrter Herr Professor Mustermann,
mein großes Interesse an einer wissenschaftlichen Tätigkeit
im Bereich Wissenschaftstheorie veranlasst mich, Ihnen meine Mitarbeit an Ihrem Lehrstuhl anzubieten. Die von Ihnen ausgeschriebene
Stelle motiviert mich, eine Promotion anzustreben und über Fragestellungen der wissenschaftlichen Ideengeschichte zu forschen.
Während meines Studiums der Geschichte und Philosophie an der Universität Musterstadt habe ich mich im Rahmen von Seminaren und eines
Forschungspraktikums am Lehrstuhl für Wissenschaftsgeschichte mit
dieser Thematik intensiv beschäftigt. Meine Abschlussarbeit befasste
sich mit dem Zusammenhang zwischen der Säkularisierung in Mitteleuropa und der Entstehung neuer wissenschaftlicher Ideen am Beispiel der Niederlande. Die während des Studiums erworbene sehr gute
Fähigkeit, relevante Dokumente und Quellen zu identifizieren sowie
komparativ zu betrachten, habe ich in dieser Arbeit unter Beweis
gestellt. Aufgrund Ihrer Ausschreibung denke ich, dass meine Kompetenzen den Anforderungen der Stelle in besonderem Maße entsprechen. Insbesondere die notwendigen Archiv- und Quellenarbeiten
und die Verwertung daraus gewonnener Erkenntnisse in Publikationen
gehören zu meinen wissenschaftlichen Stärken. Erfahrung in der
Durchführung von Lehrveranstaltungen besitze ich aufgrund meiner
Tätigkeit als Tutorin am Lehrstuhl für Wissenschaftsgeschichte.
Meine bisherige Biografie ist durch ein zügiges und intensives
Studium gekennzeichnet. Neben dem Studium habe ich mich

zudem in diversen Praktika und ehrenam̶ ̶ ̶̶̶beiten engagiert
und dort vielfältige Fähigkeiten in der Organi͟s͟u̶. So bitte ̶̶hrung
kleinerer Projekte erworben. Sehr geehrter Herr Profe͟s͟s̶̶ nicht!
mann, aufgrund meiner bisherigen Forschungs- und Lehrtätigkeit br̶̶̶̶
ich für die ausgeschriebene Stelle als persönliche Stärken hohes Engagement, Flexibilität und Belastbarkeit ein.
Ich freue mich, Ihnen in einem Gespräch meine wissenschaftlichen
Kompetenzen erläutern zu können und mich Ihnen einmal persönlich vorzustellen.

Mit freundlichen Grüßen

Bei diesem Layout kommt auch ein gut formuliertes Anschreiben nicht
zur Geltung. Der Gesamteindruck ist unruhig, es sind keine klaren Kon-
turen erkennbar und der graue Balken im Kopf sowie die Illustration
lassen das Anschreiben »schwer« wirken. Die gestalterischen Fehlgriffe
im Einzelnen:

- Das *Layout* enthält keine klaren Linien. Absenderfeld, Adresse, Da-
  tum und Betreffzeile sowie die Anrede und die erste Zeile des Textes
  weisen einen unterschiedlichen Abstand zum Rand auf. Dies erzeugt
  Unruhe beim Betrachten des Anschreibens.
- Die verwendeten *Schriftarten* wechseln zu häufig (hier insgesamt drei
  Schrifttypen) und sind zudem entweder nicht gut lesbar (Absender),
  wirken zu dominant (Adressfeld) oder vermitteln keine Seriosität
  (Text). Empfehlenswert sind gängige und gut lesbare Schriftarten wie
  Arial (sachlich-nüchtern), Times (konservativ) oder Garamond bzw.
  Book-Antiqua (dezent-klassisch).
- Der *Adressbalken* wirkt zu überlagernd, Name und Anschrift sind zu
  klein und in einer wenig lesbaren Schrift gehalten.
- Es fehlen weitere wichtige *Kontaktdaten* wie Telefon und E-Mail-
  Adresse, über die Bewerber kurzfristig (z. B. für Nachfragen) erreich-
  bar sind.
- *Ort- und Datumsangabe* sind nicht wie üblich auf der rechten Seite.
- Die *Betreffzeile* sollte nicht zentriert sein. Auf diese Weise wirkt das
  vorangestellte, mittlerweile unübliche »Betr.« besonders deplatziert.

- Die *Anrede* am Beginn des Schreibens sollte ebenfalls linksbündig ausgerichtet sein.
- Es ist mittlerweile unüblich, *Orts- und Datumsangabe* mittels »den« zu verbinden. Es reicht ein schlichtes »Musterstadt, 20.02.2008«.
- Das verwendete *Logo* ist nicht nur zu dominant, sondern auch in Bezug auf die Bewerbung nichtssagend und passt nicht ins wissenschaftliche Umfeld.
- Der *Schriftgrad* des eigentlichen Textes ist mit der Schriftgröße 9 p zu klein gehalten. Gleichzeitig wirkt das Adressfeld mit einer Größe von 11 p aufgrund der verwendeten Schriftart (Berlin Sans) zu groß.
- Anrede und Text sollten durch eine Leerzeile voneinander getrennt sein.
- Der Text weist einen geringen *Zeilenabstand* auf.
- Es fehlen strukturierende *Absätze*. Zudem wird nur der erste Absatz nach der Anrede eingerückt, nicht aber die folgenden Absätze.
- Die *Unterschrift* nimmt viel Raum ein und suggeriert ein selbstbewusstes Auftreten, das durch die Symbolik des Logos noch unterstrichen wird.

Der Gesamteindruck dieses Anschreibens vermittelt Unruhe und wirkt zu kräftig. Es lässt weniger die Bewerbung eines Wissenschaftlers vermuten als vielmehr die Bewerbung eines Kraftprotzes. Im eher konservativen wissenschaftlichen Kontext steigt dadurch die Wahrscheinlichkeit, dass die Bewerbungsunterlagen nicht oder nur oberflächlich durchgesehen werden.

Ein weiteres Problem entsteht dadurch, dass das Anschreiben Stilelemente enthält, die auch in den weiteren Unterlagen im Sinne der einheitlichen Gestaltung aufgegriffen werden sollten. Spätestens aber im Lebenslauf wirkt der bullige Glühbirnenmann deplatziert. Auch der graue Balken verleiht den weiteren Unterlagen etwas Schwerfälliges und Starres.

Das folgende Beispiel kommt mit deutlich weniger gestalterischen Elementen aus, wirkt insgesamt »leichter« und hat eine klare Struktur, die den Inhalten des Anschreibens folgt.

Miriam Müller M. A.
Musterstr. 123
12345 Musterstadt
Tel.: 01234 555566
Mobil: 0123 6665555

m.mueller@provvider.info

Herrn
Prof. Dr. Werner Mustermann
Universität Wissensstadt
Fakultät III
Postfach 20 70 70
98765 Wissensstadt

Musterstadt, 20.02.2008

Meine Bewerbung als wissenschaftliche Mitarbeiterin

Sehr geehrter Herr Professor Mustermann,

mein großes Interesse an einer wissenschaftlichen Tätigkeit
im Bereich Wissenschaftstheorie veranlasst mich, Ihnen
meine Mitarbeit an Ihrem Lehrstuhl anzubieten. Die von Ihnen
ausgeschriebene Stelle motiviert mich, eine Promotion anzustreben und über Fragestellungen der wissenschaftlichen Ideengeschichte zu forschen.

Während meines Studiums der Geschichte und Philosophie an
der Universität Musterstadt habe ich mich im Rahmen von Seminaren und eines Forschungspraktikums am Lehrstuhl für Wissenschaftsgeschichte mit dieser Thematik intensiv beschäftigt. Meine
Abschlussarbeit befasste sich mit dem Zusammenhang zwischen
der Säkularisierung in Mitteleuropa und der Entstehung neuer
wissenschaftlicher Ideen am Beispiel der Niederlande. Die während des Studiums erworbene sehr gute Fähigkeit, relevante
Dokumente und Quellen zu identifizieren sowie komparativ
zu betrachten, habe ich in dieser Arbeit unter Beweis gestellt.

Aufgrund Ihrer Ausschreibung denke ich, dass meine Kompetenzen den Anforderungen der Stelle in besonderem Maße entsprechen. Insbeson- dere die notwendigen Archiv- und Quellen-

arbeiten und die Verwertung daraus gewonnener Erkenntnisse in Publikationen gehören zu meinen wissenschaftlichen Stärken. Erfahrung in der Durchführung von Lehrveranstaltungen besitze ich aufgrund meiner Tätigkeit als Tutorin am Lehrstuhl für Wissenschaftsgeschichte.

Meine bisherige Biografie ist durch ein zügiges und intensives Studium gekennzeichnet. Neben dem Studium habe ich mich zudem in diversen Praktika und ehrenamtlichen Tätigkeiten engagiert und dort vielfältige Fähigkeiten in der Organisation und Durchführung kleinerer Projekte erworben.

Sehr geehrter Herr Professor Mustermann, aufgrund meiner bisherigen Forschungs- und Lehrtätigkeit bringe ich für die ausgeschriebene Stelle als persönliche Stärken hohes Engagement, Flexibilität und Belastbarkeit ein. Ich freue mich darauf, Ihnen in einem Gespräch meine wissenschaftlichen Kompetenzen erläutern zu können und mich Ihnen persönlich vorzustellen.

Mit freundlichen Grüßen

Miriam Müller

Die Inhalte des Anschreibens kommen besser zum Ausdruck und werden durch die zurückhaltende Gestaltung nicht überlagert. Die positiven Aspekte dieser Variante sind:

- Das *Layout* enthält eine klare Linienführung. Alle linksbündigen Elemente sind auf einer Linie angeordnet. Hinzu kommt, dass das Adressatenfeld sowie die Orts- und Datumsangabe ebenfalls auf einer Linie bündig abschließen.
- Es wird nur eine *Schriftart* verwendet, die lediglich durch die fett hervorgehobene Betreffzeile alterniert und dadurch etwas aufgelockert wird. Im vorliegenden Fall wurde Garamond als Schrifttyp gewählt. Trotz der Schriftgröße 11 p ist der Text gut lesbar wegen des Zeilenabstands »Mehrfach: 1,15«; alternativ ist auch ein Zeilenabstand von

14 p möglich. Andere Schriftarten wie Arial oder Times können nach eigenem Empfinden eingesetzt werden.

- Der *Adressbalken* wurde rechts positioniert und durch eine Linie vom Adressatenfeld abgesetzt. Diese Linie ist nicht notwendig, setzt aber einen leichten Akzent und kann als Stilelement bei den weiteren Unterlagen aufgegriffen werden.
- Die *Kontaktdaten* wurden durch die Telefonnummern und die E-Mail-Adresse komplettiert.
- Die *Namensangabe* wurde um den akademischen Grad ergänzt. Somit wird direkt deutlich, dass die Bewerberin die erforderliche formale Qualifikation mitbringt.
- *Orts- und Datumsangabe* sind rechtsbündig, auf die Verbindung durch »den« wird verzichtet.
- Die *Betreffzeile* ist linksbündig und wird nicht durch das »Betr.« ergänzt. Die fette Hervorhebung erzeugt stattdessen die Signalwirkung.
- Die *Anrede* am Beginn des Schreibens ist linksbündig ausgerichtet und hat zum nachfolgenden Text den gleichen Abstand wie die weiteren Absätze im Text, nämlich eine Leerzeile.
- Der Text weist einen ausreichenden und zudem gleichbleibenden *Zeilenabstand* auf. Zudem wirkt das Schreiben symmetrisch, weil der Abstand zwischen der Betreffzeile und dem Text einerseits sowie zwischen dem Text und der Zeile »Mit freundlichen Grüßen« andererseits identisch ist.[2]
- Die *Absätze* strukturieren den Text und folgen den Inhalten des Anschreibens.
- Die *Unterschrift* wirkt dezenter und kann zudem als »Miriam Müller« entziffert werden. Sie wirkt vom Schwung her weicher und weniger dominant. Bei einer eher unleserlichen Unterschrift empfiehlt es sich, den Namen noch einmal in gedruckter Form zu wiederholen.

Trotz der gelungenen Gestaltung mutet das Anschreiben durch die Wahl der Schriftart und durch das rechts gesetzte Absenderfeld immer noch etwas verspielt und weich an und passt eventuell am ehesten zu Bewerbungen im kultur- und sozialwissenschaftlichen Bereich. Durch leichte Modifikationen ist es möglich, den Gesamteindruck nüchterner zu gestalten, indem die Schriftart gewechselt und das Absenderfeld anders dargeboten wird.

---

[2] Die Schreib- und Gestaltungsregeln für die Textverarbeitung (DIN 5008) sehen zwischen letzter Textzeile und Briefgruß nur eine Leerzeile vor. Allerdings hat diese Norm empfehlenden und keinen verbindlichen Charakter, sodass aus Gründen des Gesamteindrucks mehr Wert auf die Symmetrie gelegt werden kann.

Miriam Müller M. A.

Musterstr. 123
12345 Musterstadt
Tel.: 01234 555566
Mobil: 0123 6665555

m.mueller@provvider.info
Herrn
Prof. Dr. Werner Mustermann
Universität Wissensstadt
Fakultät III
Postfach 20 70 70
98765 Wissensstadt

Musterstadt, 20.02.2008

Meine Bewerbung als wissenschaftliche Mitarbeiterin

Sehr geehrter Herr Professor Mustermann,

mein großes Interesse an einer wissenschaftlichen Tätigkeit im Bereich Wissenschaftstheorie veranlasst mich, Ihnen meine Mitarbeit an Ihrem Lehrstuhl anzubieten. Die von Ihnen ausgeschriebene Stelle motiviert mich, eine Promotion anzustreben und über Fragestellungen der wissenschaftlichen Ideengeschichte zu forschen.

Während meines Studiums der Geschichte und Philosophie an der Universität Musterstadt habe ich mich im Rahmen von Seminaren und eines Forschungspraktikums am Lehrstuhl für Wissenschaftsgeschichte mit dieser Thematik intensiv beschäftigt. Meine Abschlussarbeit befasste sich mit dem Zusammenhang zwischen der Säkularisierung in Mitteleuropa und der Entstehung neuer wissenschaftlicher Ideen am Beispiel der Niederlande. Die während des Studiums erworbene sehr gute Fähigkeit, relevante Dokumente und Quellen zu identifizieren sowie komparativ zu betrachten, habe ich in dieser Arbeit unter Beweis gestellt.

Aufgrund Ihrer Ausschreibung denke ich, dass meine Kompetenzen den Anforderungen der Stelle in besonderem Maße entsprechen. Insbesondere die notwendigen Archiv- und Quellenarbeiten und die Verwertung daraus gewonnener Erkenntnisse in Publikationen gehören zu meinen wissenschaftlichen Stärken. Erfahrung in der Durchführung von Lehrveranstaltungen besitze ich aufgrund meiner Tätigkeit als Tutorin am Lehrstuhl für Wissenschaftsgeschichte.

Meine bisherige Biografie ist durch ein zügiges und intensives Studium gekennzeichnet. Neben dem Studium habe ich mich zudem in diversen Praktika und ehrenamtlichen Tätigkeiten engagiert und dort vielfältige Fähigkeiten in der Organisation und Durchführung kleinerer Projekte erworben.

Sehr geehrter Herr Professor Mustermann, aufgrund meiner bisherigen Forschungs- und Lehrtätigkeit bringe ich für die ausgeschriebene Stelle als persönliche Stärken hohes Engagement, Flexibilität und Belastbarkeit ein. Ich freue mich darauf, Ihnen in einem Gespräch meine wissenschaftlichen Kompetenzen erläutern zu können und mich Ihnen persönlich vorzustellen.

Mit freundlichen Grüßen

Miriam Müller

Im Vergleich zum vorherigen Design fällt die klare und nüchterne Schriftart auf. Ferner wird der Name der Bewerberin optisch von den Kontaktdaten getrennt. Die durchgezogene Linie erstreckt sich vom linken bis zum rechten Rand und gibt damit trotz des Flattersatzes (linksbündig, kein Blocksatz) eine klare Linie vor. Auch kann diese Linie als Stilelement in den weiteren Unterlagen aufgegriffen werden.

Häufige Fehler bei der Gestaltung von Anschreiben

Das Lichtbild gehört nicht ins Anschreiben, sondern in den Lebenslauf.

Das Anschreiben enthält im Allgemeinen keine Überschriften im Text. Diese vermeintlich bessere Strukturierung verleiht einem Anschreiben einen »Stakkato«-Stil und wirkt optisch unruhig.

Am Ende des Schreibens erfolgt nach der Verabschiedung (»Mit freundlichen Grüßen«) kein Postskriptum (»PS«). Alle relevanten Informationen werden im Text gegeben.

Standardbriefköpfe in gängigen Textverarbeitungsdokumenten sollten mit Bedacht gewählt werden, da die Möglichkeit besteht, dass mehrere Bewerber die gleiche Variante gewählt haben. Auch besteht die Gefahr, dass diese Briefköpfe gestalterisch zu dominant sind, etwa aufgrund der Farbgebung.

E-Mail-Adressen oder Internetverweise werden häufig von Textverarbeitungsprogrammen automatisch eingefärbt und/oder unterstrichen. Solche Formatierungen sind, zumal bei Farbdruck, rückgängig zu machen.

Bei einseitigen Anschreiben wird keine Paginierung vorgenommen.

Bei mehrseitigen Anschreiben müssen sich Kopf- und Fußzeilen auf die erste Seite beschränken. Ansonsten stehen beispielsweise auf jeder Seite Name und Adresse im Kopf des Bogens, was optisch störend und inhaltlich redundant wirkt.

Ob die Gestaltung der Texte mit Block- oder Flattersatz, mit oder ohne Silbentrennungen erfolgt, kann individuell entschieden werden.

Eine letzte Gestaltungsvariante basiert auf Times bzw. Times New Roman als Schriftart. Sie hat den Vorteil, eingängig zu sein. Gleichzeitig kann die Verwendung dieses Schrifttyps allerdings auch dahin gehend gewertet werden, dass der Verfasser sich keine Gedanken über ein ansprechendes Aussehen des Anschreibens gemacht hat.

Bei diesem Anschreiben werden durch einen Farbbalken Akzente gesetzt, die – einen qualitativ hochwertigen Ausdruck vorausgesetzt – einen positiven Eindruck hinterlassen können. Allerdings sollte die Farbwahl dezent erfolgen und durchgängig in allen Unterlagen verwendet werden.

Miriam Müller   Musterstr. 123   Mobil: 0123 6665555

Magistra Artium   12345 Musterstadt   m.mueller@provvider.info

Herrn
Prof. Dr. Werner Mustermann
Universität Wissensstadt
Fakultät III
Postfach 20 70 70
98765 Wissensstadt   Musterstadt, 20.02.2008

Meine Bewerbung als wissenschaftliche Mitarbeiterin

Sehr geehrter Herr Professor Mustermann,

mein großes Interesse an einer wissenschaftlichen Tätigkeit im Bereich Wissenschaftstheorie veranlasst mich, Ihnen meine Mitarbeit an Ihrem Lehrstuhl anzubieten. Die von Ihnen ausgeschriebene Stelle motiviert mich, eine Promotion anzustreben und über Fragestellungen der wissenschaftlichen Ideengeschichte zu forschen.

Während meines Studiums der Geschichte und Philosophie an der Universität Musterstadt habe ich mich im Rahmen von Seminaren und eines Forschungspraktikums am Lehrstuhl für Wissenschaftsgeschichte mit dieser Thematik intensiv beschäftigt. Meine Abschlussarbeit befasste sich mit dem Zusammenhang zwischen der Säkularisierung in Mitteleuropa und der Entstehung neuer wissenschaftlicher Ideen am Beispiel der Niederlande. Die während des Studiums erworbene sehr gute Fähigkeit, relevante Dokumente und Quellen zu identifizieren sowie komparativ zu betrachten, habe ich in dieser Arbeit unter Beweis gestellt.

Aufgrund Ihrer Ausschreibung denke ich, dass meine Kompetenzen den Anforderungen der Stelle in besonderem Maße entsprechen. Insbesondere die notwendigen Archiv- und Quellenarbeiten und die Verwertung daraus gewonnener Erkenntnisse in Publikationen gehören zu meinen wissenschaftlichen Stärken. Erfahrung in der Durchführung von Lehrveranstaltungen besitze ich aufgrund meiner Tätigkeit als Tutorin am Lehrstuhl für Wissenschaftsgeschichte.

Meine bisherige Biografie ist durch ein zügiges und intensives Studium gekennzeichnet. Neben dem Studium habe ich mich zudem in diversen Praktika und ehrenamtlichen Tätigkeiten engagiert und dort vielfältige Fähigkeiten in der Organisation und Durchführung kleinerer Projekte erworben.

Sehr geehrter Herr Professor Mustermann, aufgrund meiner bisherigen Forschungs- und Lehrtätigkeit bringe ich für die ausgeschriebene Stelle als persönliche Stärken hohes Engagement, Flexibilität und Belastbarkeit ein. Ich freue mich darauf, Ihnen in einem Gespräch meine wissenschaftlichen Kompetenzen erläutern
zu können und mich Ihnen persönlich vorzustellen.

Mit freundlichen Grüßen

Miriam Müller

Die Vorteile dieses Anschreibens im Vergleich zu den vorherigen liegen insbesondere in der Verwendung eines farblichen Akzents. Die Farbwahl wirkt freundlich und trotz des Blaus nicht zu unterkühlt, weil zwei Schattierungen desselben Farbtons verwendet werden.

Tipps bei der Verwendung von Farben

1. Verwenden Sie keine Signalfarben. Diese lenken zu sehr vom gesamten Anschreiben ab.
2. Farbbalken, die einfarbig über die gesamte Breite des Dokuments reichen, wirken sehr dominant. Deshalb sollten einfarbige Elemente nicht zu dick ausfallen. Als Faustregel gilt, dass der Balken maximal die Hälfte der verwendeten Schriftgröße betragen sollte.
3. Wenn Farben alterniert werden sollen, dann empfiehlt sich, den gleichen Farbton in maximal zwei bis drei unterschiedlichen Sättigungen zu verwenden. Alle gängigen Textverarbeitungsprogramme bieten mittlerweile Farbskalen an, mit denen dies eingestellt werden kann. Im Vergleich zur bunten Mischung von beispielsweise Rot und Blau wirken Farbskalierungen oft harmonischer.
4. Bedenken Sie, dass Farben auf dem Bildschirm und im Ausdruck nicht identisch aussehen. Prüfen Sie die Wirkung der gedruckten Farbtöne, ob diese zu schwach oder zu stark ausfallen.

5. Verzichten Sie auf sehr schwache Farbtöne. Sie werden vom Auge schnell als Grauton wahrgenommen.

6. Verzichten Sie im Anschreiben darauf, einzelne Zeilen oder Worte farbig zu drucken. Dies lenkt, ähnlich wie Fett- oder Kursivdruck, vom gesamten Schreiben ab.

7. Achten Sie beim Farbdruck, insbesondere bei größeren Farbbalken, auf eine gute Druckqualität. Gerade Tintenstrahldrucker produzieren gerne »Wellen«, wenn die Tinte großflächig aufgetragen wird. Zuweilen ziehen sich auch Streifen durch den Farbbalken, oder Rasterungen werden aufgrund der Farbmischung durch den Drucker erkennbar.

8. Verwenden Sie bei Farbdrucken am besten einen modernen Farblaserdrucker. Solche Ausdrucke sind mittlerweile in vielen Copyshops möglich, und der vielleicht lästige Gang dorthin ist einem schlechten Tintenstrahldruck immer noch vorzuziehen. Führen Sie erst einige Testdrucke mit verschiedenen Farbvarianten durch, bevor Sie sich für das endgültige Design entscheiden.

Die Angaben zur Person wurden mit den drei Bereichen des Farbbalkens synchronisiert und sind linksbündig im linken, mittig im mittleren und rechtsbündig im rechten Feld angeordnet. Um in jedem Feld zwei Zeilen ausfüllen zu können, wurde der akademische Grad unter den Namen der Bewerberin gezogen und ausgeschrieben.

Erfolgt der Einsatz von farbigen Elementen, empfiehlt es sich, diese Farbe(n) auch in den weiteren Unterlagen zu verwenden, um den Wiedererkennungswert zu erhöhen.

Zusammenfassung

Das persönliche Anschreiben einer Bewerbung stellt den Einstieg in die Bewerbungsunterlagen dar. Es vermittelt den Stellenausschreibenden einen ersten Eindruck vom Bewerber und dient gleichzeitig als eine Art Vorschau auf die weiteren Unterlagen.

Ein Anschreiben sollte nicht mehr als zwei Seiten umfassen und durch die Darstellung der eigenen Motivation zur Bewerbung dem wichtigsten Bewertungskriterium gerecht werden. Es gilt, den wissenschaftlichen Werdegang und wissenschaftliche Kompetenzen gebündelt zu präsentieren und dabei ein positives und gleichzeitig auch realistisches Bild der eigenen Person zu vermitteln.

Die eigenen Kompetenzen sollten gemäß der Rangfolge ihrer Güte aufgelistet und mit entsprechenden Attributen wie »ausgezeichnet« oder »sehr gut« bzw. »gut« abgestuft werden.

Der Aufbau eines Anschreibens folgt der Rangfolge relevanter Informationen. Die Formulierungen im Anschreiben sollten verständlich sein und zu lange Satzkonstruktionen vermieden werden. Selbstbewusste Ich-Formulierungen unter Auslassung von Konjunktiven sind empfehlenswert, sollten aber nicht überheblich wirken.

Ein übersichtliches Layout mit sparsam verwendeten Stilelementen unterstreicht die Klarheit der Aussagen. Gut lesbare, einheitliche Schriften, Strukturierung des Anschreibens durch sinnadäquate Absätze sowie eine klassische Anordnung von Anschrift, Betreffzeile usw. erzeugen einen positiven Eindruck und laden dazu ein, die weiteren Bewerbungsunterlagen durchzusehen.

Weitere Informationen

Austauschmöglichkeiten über die richtigen Inhalte und die Gestaltung von Anschreiben bieten Foren wie www.hochschulkarriere.de

Für eine korrekte Rechtschreibung und Grammatik des Anschreibens bieten PC-Programme wie z. B. der Duden Korrektur neben der Verwendung von Wörterbüchern Sicherheit beim Verfassen fehlerloser Anschreiben.

Als Anregung für die Gestaltung von Anschreiben empfiehlt sich ergänzend ein Blick in Bewerbungsratgeber wie »Duden: Professionelles Bewerben – leicht gemacht«.

Der Lebenslauf

Der zweite Bereich der Bewerbungsunterlagen, der einen besonderen Aufwand erfordert, ist der Lebenslauf. Klassischerweise wird zwischen einem ausführlichen und einem tabellarischen Lebenslauf unterschieden. Sofern eine Ausschreibung nichts anderes verlangt, reicht in der Regel die Vorlage des tabellarischen Lebenslaufs (vgl. Abbildung 24, S. 74). Dieser sollte nicht nur inhaltlich gut strukturiert sein und die wesentlichen Informationen enthalten, sondern auch grafisch ansprechen sowie eine leichte Lektüre ermöglichen.

Häufig reicht ein tabellarischer Lebenslauf.

Die Funktion des Lebenslaufs besteht darin, die eigene (berufsrelevante) Biografie darzustellen. Die Kernaussagen werden im Anschreiben detaillierter ausgeführt. Die wichtigsten Elemente eines wissenschaftlichen Lebenslaufs sind:

Wichtige Elemente des Lebenslaufs

- Angaben zur Person
- Angaben zur Ausbildung
- Ggf. beruflicher Werdegang
- Ggf. Auslandsaufenthalte
- Ggf. Angaben zu sonstigen Tätigkeiten (beispielsweise Praktika, Nebenerwerbstätigkeiten)
- Ggf. Freizeitaktivitäten
- Ggf. Schriftenverzeichnis
- Ggf. Verzeichnis der Lehrveranstaltungen

Auch wenn sich zur eigenen Biografie in kürzerer Zeit keine gravierenden Änderungen ergeben, so ist es dennoch sinnvoll, den Lebenslauf der jeweils ausgeschriebenen Stelle im Detail anzupassen. So kann es bei einer Ausschreibung von Vorteil sein, ein bestimmtes Praktikum besonders hervorzuheben oder ein Arbeitszeugnis anzufügen, das für eine andere Bewerbung wenig sinnvoll wäre.

Nicht immer ist eine lückenlose Darstellung des Lebenslaufs für den Erfolg einer Bewerbung ausschlaggebend. Allerdings empfiehlt es sich bei den meisten Bewerbungen, die biografischen Stationen vollständig aufzulisten (vgl. Abbildung 32).

Vollständige Angaben im Lebenslauf

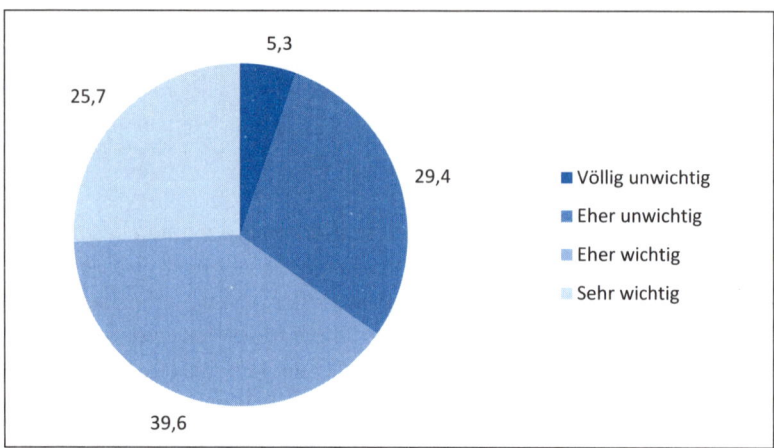

Abbildung 32: Relevanz eines lückenlosen Lebenslaufs (Angaben in Prozent)

Für insgesamt 34,7 Prozent ist ein lückenloser Lebenslauf völlig unwichtig oder eher unwichtig. Demgegenüber gibt mit knapp zwei Dritteln die große Mehrheit der Befragten an, ihnen sei ein vollständiger Lebenslauf eher wichtig oder sogar sehr wichtig.

Hier bestehen jedoch zum Teil deutliche Unterschiede zwischen den einzelnen Disziplinen (vgl. Abbildung 33).

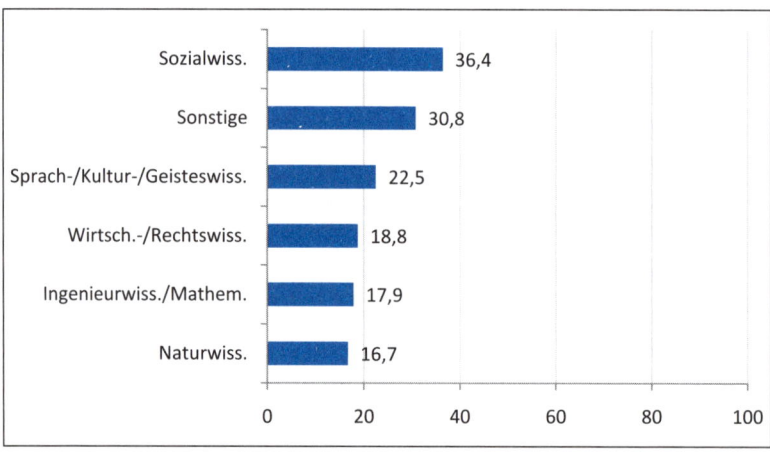

Abbildung 33: Relevanz eines lückenlosen Lebenslaufs nach Disziplinen (Vorgabe: »Sehr wichtig«; Angaben in Prozent)

In den Geistes- und Sozialwissenschaften besteht im Vergleich zu den übrigen Fächern in höherem Maße die Erwartung eines lückenlosen Lebenslaufs. In den Ingenieurwissenschaften, der Mathematik sowie den Naturwissenschaften wird eher selten besonderer Wert auf einen Lebenslauf gelegt, der die einzelnen Lebensabschnitte ohne Auslassungen auflistet.

Lückenloser Lebenslauf: Unterschiede in den Fächern

Das bedeutet, dass es vor allem in den sozial- und geisteswissenschaftlichen Fächern empfehlenswert ist, den Lebenslauf vollständig darzustellen. In den technischen und wirtschaftsnahen Fächern ist dies auch von Vorteil, muss aber die Chancen der Bewerbung nicht zwangsläufig schmälern.

Tipps für die Erstellung eines tabellarischen Lebenslaufs

1. Erstellen Sie Ihren Lebenslauf zunächst in streng chronologischer Reihenfolge. Fügen Sie die einzelnen Angaben erst dann den betreffenden Rubriken zu. Auf diese Weise vermeiden Sie Fehler bei Datumsangaben. Auch fällt Ihnen so eher auf, ob Sie Zeitabschnitte vergessen haben.
2. Markieren Sie für sich diejenigen Lebensabschnitte, die gut zum Text der Ausschreibung und den darin beschriebenen Anforderungen der Stelle passen. Diese können Sie dann im Lebenslauf in den Vordergrund rücken.
3. Versuchen Sie nicht, Ihren Lebenslauf zu verschönern, indem Sie Nebenjobs während des Studiums nach einer hauptberuflichen Beschäftigung klingen lassen. Heben Sie stattdessen die Tätigkeiten hervor, die Sie für die Stelle besonders qualifizieren würden.
4. Eine lückenlose Darstellung des Lebenslauf bedeutet nicht, vorhandene Lücken durch euphemistische Formulierungen aufzuwerten. Haben Sie beispielsweise nach einem abgebrochenen und vor einem neu aufgenommenen Studium keine stellenrelevanten Tätigkeiten vorzuweisen, deklarieren Sie diese Zeit nicht als »Selbststudium« oder gar »Findungsphase«.
5. Vermeiden Sie die doppelte Nennung von Tätigkeiten. So ist es ausreichend, ein Studium im Ausland in der Rubrik »Ausbildung« einzuordnen. Das Studium muss nicht noch einmal unter »Auslandsaufenthalte« angeführt werden. Diese Redundanzen werden leicht als Versuch der Aufwertung des Lebenslaufs erkannt.

Im Folgenden werden die einzelnen Teilbereiche dargestellt und Empfehlungen für die grafische Gestaltung eines Lebenslaufs gegeben.

Angaben zur Person

Die Angaben zur Person werden auf der ersten Seite des Lebenslaufs allen weiteren Angaben vorangestellt. Sie können noch einmal in persönliche Angaben und Anschrift unterteilt werden. Die wichtigsten Informationen sind:

- Vorname(n), Nachname, ggf. Geburtsname
- Geburtsdatum und -ort
- Familienstand
- Anschrift und Kontaktdaten

Angaben zu Eltern und Geschwistern Früher wurden auch Angaben zu den Eltern bzw. zu deren Berufen gemacht; dies ist in aktuellen Bewerbungsunterlagen nicht mehr üblich. Gleiches gilt für Angaben zu möglichen Geschwistern. Mit Ausnahme der Namensnennung besteht keine vorgeschriebene Reihenfolge der Angaben zur Person. Üblicherweise werden die Informationen gemäß der o. a. Reihenfolge sortiert.

Beispiel 1 für persönliche Angaben im Lebenslauf

Miriam Luisa Müller, geb. Voslamber

geboren am 16.05.1975 in Nürnberg
verheiratet, ein Kind

Musterstr. 123
12345 Musterstadt
Tel.: 01234 555566
Mobil: 0123 6665555

m.mueller@provvider.info

Alternativ ist es aber auch möglich, die Anschrift direkt hinter der Namensnennung zu positionieren und Angaben zu Geburt und Familienstand an das Ende zu stellen.

Beispiel 2 für persönliche Angaben im Lebenslauf

Miriam Luisa Müller, geb. Voslamber

Musterstr. 123
12345 Musterstadt
Tel.: 01234 555566
Mobil: 0123 6665555
m.mueller@provvider.info

geboren am 16.05.1975 in Nürnberg
verheiratet, ein Kind

Im ersten Fall wird der Familienstand besonders betont, im zweiten wird zunächst das Augenmerk auf die Kontaktmöglichkeiten gelenkt. Letztlich ist es jedoch dem eigenen Empfinden überlassen, welche der beiden Varianten Verwendung findet.

Wesentlich bei den persönlichen Angaben ist, dass nochmals ergänzend zum Anschreiben die Kontaktdaten angefügt werden. Schließlich ist es das Ziel, möglichst leicht kontaktiert werden zu können.

Kontaktdaten nochmals anführen

Angaben zur Ausbildung

Der zweite Bereich des Lebenslaufs dient der Darstellung der eigenen Ausbildung in Schule und Hochschule. Nicht immer ist es einfach, zwischen Ausbildung und beruflicher Tätigkeit zu unterscheiden, z. B. dann, wenn im Rahmen einer Promotionsstelle eine berufliche Tätigkeit als wissenschaftlicher Mitarbeiter ausgeübt und im gleichen Zeitraum die Promotion erfolgreich abgeschlossen wurde. In solchen Fällen gilt es, die Promotion in die Rubrik Ausbildung und die Tätigkeit als Mitarbeiter in den nachfolgenden Bereich beruflicher Erfahrungen einzuordnen.

Unterscheidung zwischen Ausbildung und beruflicher Tätigkeit

Die Angaben zur Ausbildung beinhalten die folgenden vier Schwerpunkte:

- Schulische Ausbildung
- Ggf. berufliche Ausbildung (beispielsweise Absolvieren einer Lehre)
- Hochschulausbildung inklusive akademischer Titel (z. B. Diplom, Promotion, Habilitation)
- Ggf. Weiterbildungen

Monats- und
Jahresangaben
reichen aus.

Zunächst kommt es darauf an, diese Ausbildungsstationen zu rekonstruieren und anhand von Datumsangaben in eine chronologische Reihenfolge zu bringen. Dabei ist es nicht notwendig, Beginn und Ende eines Ausbildungsabschnitts auf den Tag genau zu datieren; die Angabe von Monat und Jahr reicht aus. Im Anschluss ist zu klären, ob zu den einzelnen Ausbildungsabschnitten die Abschlussnoten angegeben werden sollen.

Vor- und Nachteile der Angabe von Abschlussnoten im Lebenslauf

Es hängt von den erzielten Leistungen ab, ob es sinnvoll ist, die Noten direkt im Lebenslauf zu nennen oder aber wegzulassen.

Nennung der Noten ermöglicht schnellen Überblick

Werden die erzielten Leistungen in Form von Noten direkt im Lebenslauf angeführt, erhält der Ausschreibende einen schnellen Gesamteindruck von der akademischen Performanz eines Bewerbers. Ziehen sich durch den Lebenslauf insgesamt sehr gute Noten, so schafft dies einen äußerst positiven Eindruck. Aber auch Steigerungen von einer z. B. »nur« guten oder befriedigenden Abiturnote hin zu einer »sehr guten« Studienleistung werden so direkt ersichtlich.

Nennung der Noten erleichtert die Erstellung einer Bewerberübersicht

Einige Ausschreibende erstellen anhand der eingegangenen Bewerbungen eine tabellarische Übersicht mit den akademischen Leistungen, um auf diese Weise das unter Umständen umfangreiche Bewerberfeld sortieren zu können. Hierbei erleichtert die Angabe aller Noten auf einer Seite das Erfassen einer solchen tabellarischen Übersicht und erzeugt einen positiven Eindruck der Bewerbung.

Nennung der Noten vermittelt keinen Einblick in besondere Stärken

Für eine übersichtliche Darstellung der Ausbildung empfiehlt sich die Nennung einer Gesamtnote (des Abiturs, des Diploms etc.). Die Gesamtnote verdeckt aber etwaige besondere Stärken. So ist denkbar, dass ein Absolvent der Psychologie im Bereich »Klinische Psychologie« eine sehr gute Note erreicht hat, in anderen Teilfächern aber nur zu guten oder befriedigenden Leistungen gelangt ist. Bei einer Bewerbung an einem Lehrstuhl für Klinische Psychologie könnte auf diese Weise die besondere Stärke des Bewerbers im relevanten Fachgebiet an Bedeutung verlieren und die Bewerbung Chancen einbüßen.

Nennung der Noten lässt Empfehlungsschreiben oder Arbeitszeugnisse in den Hintergrund treten

Immer dann, wenn Ausschreibende besonders großen Wert auf sehr gute Leistungen legen, der Bewerber diese jedoch nicht durchgängig aufweist, kann dies zu einer Ablehnung der Bewerbung führen. Hierdurch kommen u. U. exzellente Arbeitszeugnisse nicht zur Geltung, die deutlich machen würden, dass der Bewerber über besondere Fähigkeiten verfügt, die für den Ausschreibenden von Interesse sind. Werden die Noten übersichtlich auf der ersten Seite platziert, kann dies zu einer vorschnellen Entscheidung gegen den Bewerber beitragen.

Bei jeder Bewerbung sollten daher Überlegungen angestellt werden, ob die Nennung der akademischen Leistungen direkt im Lebenslauf erfolgen soll. Das folgende Beispiel beinhaltet die Noten und gliedert die Angaben zur Ausbildung gemäß den o. a. Punkten.

Verschiedene Möglichkeiten für Angaben zur Ausbildung

Variante 1 für Angaben zur Ausbildung

Schulbildung

08/1980 bis 06/1984	Grundschule Musterdorf
08/1984 bis 07/1986	Orientierungsstufe Nebenstadt
09/1986 bis 06/1990	Gymnasium Nebenstadt, Sekundarstufe I
08/1990 bis 06/1993	Gymnasium Großstadt, Sekundarstufe II
	Erwerb der allg. Hochschulreife (Note: 1,3)

Hochschulbildung

10/1993 bis 03/1994	Studium Geografie und Englisch für Lehramt an Gymnasien, Universität Wissensstadt
04/1995 bis 09/1999	Diplomstudium Psychologie, Universität Wissensstadt
	Erwerb des Diploms (Note: 1,0)
10/2000 bis 03/2003	Promotionsstudium Psychologie, University of Knowledge, GB
	Erwerb des Doktors der Philosophie (Note: magna cum laude)

Berufsausbildung

07/1994 bis 12/1994   Lehre zur Bankkauffrau, Sparkasse Girotal (nicht abgeschlossen)

Weiterbildung

10/1999 bis 09/2000   Zusatzstudium »Human Resource Management«, Akademie für Weiterbildung, Wissensstadt

Bei diesem Beispiel werden die einzelnen Ausbildungsstationen chronologisch und nach Ausbildungsarten sortiert dargestellt. Durch die Zwischenüberschriften (Schulbildung etc.) ist der Lebenslauf in diesem Teilbereich klar gegliedert und gut nachvollziehbar.

Erzielte Abschlüsse werden den Angaben zur Bildung vorangestellt.

Bei der zweiten Variante werden die erzielten Abschlüsse in einer gesonderten Rubrik angeordnet und den gesamten Angaben zur Ausbildung vorangestellt.

Variante 2 für Angaben zur Ausbildung

Schulische und akademische Abschlüsse

06/1993   Erwerb der allg. Hochschulreife, Gymnasium Großstadt (Note: 1,3)

09/1999   Erwerb des Diploms in Psychologie, Universität Wissensstadt (Note: 1,0)

03/2003   Erwerb des Doktors der Philosophie, University of Knowledge, GB (Note: magna cum laude)

Schulbildung

08/1980 bis 06/1984   Grundschule Musterdorf

08/1984 bis 07/1986   Orientierungsstufe Nebenstadt

09/1986 bis 06/1990   Gymnasium Nebenstadt, Sekundarstufe I

08/1990 bis 06/1993   Gymnasium Großstadt, Sekundarstufe II

Hochschulbildung

10/1993 bis 03/1994	Studium Geografie und Englisch für Lehramt an Gymnasien, Universität Wissensstadt
04/1995 bis 09/1999	Diplomstudium Psychologie, Universität Wissensstadt
10/2000 bis 03/2003	Promotionsstudium Psychologie, University of Knowledge, GB

Berufsausbildung

07/1994 bis 12/1994	Lehre zur Bankkauffrau, Sparkasse Girotal (nicht abgeschlossen)

Weiterbildung

10/1999 bis 09/2000	Zusatzstudium »Human Resource Management«, Akademie für Weiterbildung, Wissensstadt

Der Vorteil dieser Variante liegt in der übersichtlichen Nennung akademischer Leistungen. Diese Darstellung empfiehlt sich, wenn die erzielten Noten insgesamt einen guten Eindruck machen. Ein weiterer Vorteil ist, dass die für eine Entscheidung potenziell relevantesten Informationen zur Ausbildung direkt genannt werden. Welche Grundschule ein Bewerber besucht hat, ist beispielsweise keine wichtige Information, sondern wird lediglich aus Gründen der Vollständigkeit angeführt.

Beide Beispiele sind insgesamt eher formal gehalten und geben wenig Auskunft über die spezifischen Inhalte und Schwerpunktsetzungen der Ausbildung. Durch die Beispiele 1 und 2 werden Angaben zur formalen Passung zu einer Stelle sowie zur akademischen Performanz gemacht. Die Darstellung inhaltlicher Schwerpunkte ermöglicht darüber hinaus einen ersten Eindruck davon, ob auch notwendige inhaltliche Kompetenzen bei Bewerbern zu erwarten sind bzw. vorliegen. Dies ist insbesondere beim Studium und einer etwaigen Promotion relevant. Stellenausschreibungen sind innerhalb eines Fachs spezifisch formuliert, und Angaben zu Schwerpunkten erleichtern es Ausschreibenden, die fachlichen Qualifikationen eines Bewerbers angemessen einzuschätzen.

Das folgende dritte Beispiel enthält zwei Informationen, die die inhaltliche Ausrichtung eines Bewerbers erkennen lassen. Dies ist zum einen die Nennung von Betreuern der Diplom- und Promotionsschrift, was – zumal bei anerkannten Wissenschaftlern – einen Eindruck von erworbenen Kompetenzen ermöglicht. Zum anderen werden die Titel der Qualifikationsarbeiten genannt und kurze Zusammenfassungen geliefert. Beide Informationen lassen die Kompetenzen des Bewerbers plastischer erscheinen.

Variante 3 für Angaben zur Ausbildung

Schulische und akademische Abschlüsse

06/1993   Erwerb der allg. Hochschulreife, Gymnasium Großstadt
            (Note: 1,3)

09/1999   Erwerb des Diploms in Psychologie, Universität Wissensstadt
            (Betreuer: Prof. Dr. G. H. Mayer; Note: 1,0)

            Titel der Diplomarbeit (Note: 1,0)
            **Auswirkungen eines Trainings zu selbst reguliertem Lernen
            auf den schulischen Erfolg bei Hauptschülern**

            Im Rahmen der Diplomarbeit wurde eine Interventionsstudie bei
            56 Hauptschülern der 7. Klasse durchgeführt. Es wurde untersucht, ob
            die Untersuchungsgruppe, die zwei Wochen lang ein Lerntagebuch geführt hat, selbstregulative Kompetenzen erwirbt und hierdurch bessere
            schulische Leistungen erzielt als die Vergleichsgruppe ohne Intervention.

03/2003   Erwerb des Doktors der Philosophie, University of Knowledge, GB
            (Betreuer: Prof. R. S. Jones, Ph. D.; Note: magna cum laude)

            Titel der Dissertation (Note: 1,0)
            **Value orientations and motivation to learn among British
            and German Secondary School students**

            Grundlage der Dissertation ist eine vergleichende Längsschnittstudie
            bei Schülern der Sekundarstufe (7.–9. Klasse) in Großbritannien
            (453 Schüler) und Deutschland (378 Schüler). Die Studie zielt auf die
            Erklärung von Lernmotivation durch Wertorientierungen sensu Inglehart
            ab und zeigt auf, dass in beiden Ländern die Wertschätzung von Leistung
            zu einer höheren, die Orientierung an Wohlbefinden swerten zu einer
            geringeren schulischen Lernmotivation führt.

Schulbildung

08/1980 bis 06/1984   Grundschule Musterdorf

08/1984 bis 07/1986   Orientierungsstufe Nebenstadt

| 09/1986 bis 06/1990 | Gymnasium Nebenstadt, Sekundarstufe I |
| 08/1990 bis 06/1993 | Gymnasium Großstadt, Sekundarstufe II |

Hochschulbildung

10/1993 bis 03/1994	Studium Geografie und Englisch für Lehramt an Gymnasien, Universität Wissensstadt
04/1995 bis 09/1999	Diplomstudium Psychologie, Universität Wissensstadt
10/2000 bis 03/2003	Promotionsstudium Psychologie, University of Knowledge, GB

Berufsausbildung

| 07/1994 bis 12/1994 | Lehre zur Bankkauffrau, Sparkasse Girotal (nicht abgeschlossen) |

Weiterbildung

| 10/1999 bis 09/2000 | Zusatzstudium »Human Resource Management«, Akademie für Weiterbildung, Wissensstadt |

Jedes dieser drei Beispiele verfügt über Vor- und Nachteile. Es lassen sich einige Kriterien nennen, nach denen die Entscheidung für eine Variante gefällt werden kann.

Kriterien zur Wahl einer Darstellung

Gute inhaltliche Passung der wissenschaftlichen Schwerpunkte zur ausgeschriebenen Stelle:

Je besser die eigenen Schwerpunkte zum Ausschreibungstext passen, desto wichtiger ist es, diese Schwerpunkte in den Mittelpunkt zu rücken. Variante 3 sollte verwendet werden.

Geringe inhaltliche Passung und hohe Qualität erzielter akademischer Leistungen:

Je besser die Noten in Schule und Hochschule ausgefallen sind, desto empfehlenswerter ist es, diese direkt am Beginn des Lebenslaufs in den Mittelpunkt zu rücken. Variante 2 wird empfohlen.

Hohe inhaltliche Passung und weniger gute akademische Leistungen:

Fällt die inhaltliche Passung zur Stelle hoch aus, sind aber die akademischen Leistungen insgesamt weniger gut, dann sollte die dritte Variante bevorzugt werden, ohne allerdings die Gesamtnoten des Abiturs, des Diploms und der Promotion zu nennen.

Geringe inhaltliche Passung und weniger gute akademische Leistungen:

Für den Fall, dass die ausgeschriebene Stelle von den Anforderungen her nicht zu eigenen Schwerpunkten passt und zudem die akademischen Leistungen im Durchschnitt liegen, empfiehlt sich die Verwendung des ersten Beispiels. Allerdings ist bei einer solchen Bewerbung sorgfältig zu prüfen, ob sie sich lohnt und nicht eher dem eigenen Ruf schadet.

Stärken der akademischen Laufbahn in den Mittelpunkt rücken

Es ist wichtig, die Darstellung der Ausbildung so zu gestalten, dass Stärken in den Vordergrund gerückt werden (vgl. Abbildung 34).

		Inhaltliche Passung	
		Hoch	Niedrig
Akademische Leistungen	Sehr gut	Variante 3	Variante 2
	Weniger gut	Variante 3 (ohne Noten)	Variante 1

Abbildung 34: Entscheidungshilfe zur Verwendung einer Variante für die Angaben zur Ausbildung

Eine Kombination aller drei Beispiele ist ohne Weiteres möglich und sollte dem übergeordneten Ziel folgen: Prinzipiell gilt wie auch beim Anschreiben, die eigenen Stärken bezogen auf die Ausschreibung in den Mittelpunkt zu rücken.

Beruflicher Werdegang

Bezahlte und hauptberufliche Tätigkeiten

Als Angaben zum beruflichen Werdegang gelten alle Informationen zu bezahlten hauptberuflichen Beschäftigungen. Sofern Bewerbungen im Anschluss an das Hochschulstudium geschrieben werden und bislang keiner bezahlten Beschäftigung nachgegangen wurde, fällt diese Rubrik im tabellarischen Lebenslauf in der Regel weg. In allen anderen Fällen sind hier die Tätigkeiten anzuführen, denen vor und nach dem Studium nachgegangen wurde. Nicht dazu gezählt werden Praktika, Nebenjobs oder Tätigkeiten als studentische Hilfskraft.

Vorteilhaft für diesen Teil des Lebenslaufs sind fraglos Beschäftigungen im wissenschaftlichen Bereich, sei es in Forschungsprojekten oder aber auf regulären Lehrstellen an einer Hochschule. Dabei empfiehlt es sich unter Umständen, die Tätigkeitsbereiche kurz zu benennen. Allerdings gilt auch beim beruflichen Werdegang, dass das Ausmaß inhaltlicher Passung mitbestimmt, wie viele Informationen gegeben werden. Zwei unterschiedliche Varianten werden vorgestellt.

Wissenschaftliche Tätigkeiten vorteilhaft

Variante 1 des beruflichen Werdegangs

Varianten der Darstellung des beruflichen Werdegangs

07/2003 bis 06/2005	Wiss. Mitarbeiterin (BAT IIa/2) am Lehrstuhl Psychologie IV, Universität Kannstadt
09/2005 bis 08/2007	Wiss. Referentin (BAT IIa) am Institut für Psychosoziale Beratung, Wissensstadt

Bei dieser Form des beruflichen Werdegangs werden die Berufsbezeichnungen, die Gehaltsgruppe sowie die Arbeitsstelle genannt. Diese formalen Angaben erlauben nur eine ungenaue Vorstellung der Tätigkeiten und erworbenen beruflichen Kompetenzen. Die zweite Form des beruflichen Werdegangs gibt demgegenüber genauere Informationen im Hinblick auf die Tätigkeiten und nennt die jeweiligen Vorgesetzten.

Variante 2 des beruflichen Werdegangs

07/2003 bis 06/2005	Wiss. Mitarbeiterin (BAT IIa/2) am Lehrstuhl Psychologie IV (Pädagogische Psychologie, Prof. Dr. A. B. Cedef), Universität Kannstadt
	Aufgaben in Forschung und Lehre in den Bereichen Lehren und Lernen in Schule und Familie, Studienberatung für Studierende der Psychologie, Mitwirkung an Publikationen
09/2005 bis 08/2007	Wiss. Referentin (BAT IIa) am Institut für Psychosoziale Beratung (Prof. Dr. G. H. Ijot), Universität Wissensstadt
	Aufgaben in Forschung und Lehre im Bereich Beratung und Coaching von Kindern mit Lernschwierigkeiten, Mitwirkung in Beratungsgesprächen betroffener Familien

Neben der Frage, ob die bisherigen Tätigkeiten gut zur ausgeschriebenen Stelle passen, sollte bereits bei der Darstellung des beruflichen Werdegangs beachtet werden, dass das einmal eingeführte Format auch bei der Angabe sonstiger Tätigkeiten durchgehalten werden sollte. Sind beim beruflichen Werdegang Kurzbeschreibungen verwendet worden, so ist dies auch für alle weiteren Bereiche des Lebenslaufs empfehlenswert.

Nennung der Gehaltsgruppe häufig unwesentlich

Auf die Nennung der Gehaltsgruppe kann verzichtet werden, es genügt die Angabe, ob es sich um eine Teil- oder Vollzeitstelle gehandelt hat. Im Gegensatz zur Wirtschaft stellt das bisherige Gehalt in der Wissenschaft nicht die Verhandlungsbasis für zukünftige Saläre dar. Die Einordnung in eine Gehaltsgruppe und -stufe ist für ausgeschriebene Stellen gesetzlich und tariflich festgelegt.

Auslandsaufenthalte

Auslandsaufenthalte als Pluspunkt für internationale Forschung

In den meisten Disziplinen besteht mittlerweile eine ausgeprägte Orientierung an internationaler Forschung. In vielen Fächern ist die Lektüre und das Publizieren in englischer Sprache Standard. Sofern Auslandsaufenthalte im englischsprachigen Ausland stattgefunden haben, ist deren Nennung sehr empfehlenswert. Aber auch die Angabe von Aufenthalten in anderen Ländern ist durchaus vorteilhaft, weil sie unter Umständen Eigeninitiative und Offenheit gegenüber Neuem signalisieren. Hierunter fallen allerdings keine schulischen Austauschprogramme über ein, zwei oder drei Wochen. Bei Auslandsaufenthalten genügen Angaben zu Zeit und Zielort. Nicht wiederholt werden sollten Aufenthalte, die bereits aus anderen Rubriken ersichtlich werden. In den vorigen Beispielen wäre dies das Promotionsstudium im Ausland.

Beispiel für die Darstellung von Auslandsaufenthalten

05/1994 bis 10/1994	Sechsmonatiges Auslandspraktikum im Pflegeheim St. Martin, Townname, UK
08/1996 bis 10/1996	Dreimonatiger Sprachkurs an der University of Knowledge, UK

Nähere Beschreibungen der Tätigkeiten sind möglich, sofern sie – bezogen auf die Ausschreibung – Vorteile für die eigene Bewerbung versprechen. Im Fall des absolvierten Sprachkurses ist eine solche Ergänzung weniger informativ, da der zentrale Zweck des Aufenthaltes bereits benannt ist.

Erläuterung der Auslandsaufenthalte nur, wenn dies für die Stelle relevant ist

Angaben zu weiteren Aktivitäten

In diese Rubrik gehören im Grunde alle Tätigkeiten, die nicht schon in den vorigen Abschnitten des Lebenslaufs berücksichtigt wurden. Weniger empfehlenswert ist dabei die Aufzählung von Praktika und Nebenjobs während der Schulzeit. Aber auch Tätigkeiten während des Studiums müssen nicht vollständig angeführt werden. Ob jemand als Kellner oder in einem Sonnenstudio gearbeitet hat, sollte für die meisten wissenschaftlichen Stellen belanglos sein. Die Aufzählung von Nebenjobs könnte allenfalls signalisieren, dass das Studium selbst finanziert werden musste und somit Eigenständigkeit und Eigenverantwortung gegeben sind. Ob dieses Signal allerdings immer ankommt, ist fraglich.

Aktivitäten, die in den übrigen Rubriken nicht genannt werden

Das folgende Beispiel umfasst die wichtigsten Arten sonstiger Tätigkeiten, indem hier ein Praktikum, eine Stelle als studentische Hilfskraft sowie ehrenamtliche Aktivitäten genannt werden.

Beispiel für die Darstellung weiterer Aktivitäten

08/1997 bis 10/1997	Dreimonatiges Praktikum in der Kindertagesstätte »Windrädchen«, Wissensstadt
	Zu den Aufgaben gehörte neben der Betreuung der Kindergartenkinder die Erstellung eines Beobachtungsbogens zur Diagnostik von Sprachschwierigkeiten bei Kindern mit Migrationshintergrund.
02/1998 bis 09/1999	Studentische Hilfskraft im Forschungsprojekt »Peer-Teaching und schulischer Lernerfolg« am Lehrstuhl Pädagogische Psychologie (Prof. Dr. K. L. Emeno), Universität Wissensstadt
	Unterstützung des Forschungsprojekts durch Literaturrecherchen, Durchführung von Fragebogenerhebungen, Dateneingabe mit SPSS

Seit 02/2006	Ehrenamtliche Mitarbeiterin in der Hausaufgabenhilfe »LernMal e. V.«, Kannstadt
	Unterstützung lernschwacher Kinder bei der Erledigung von Hausaufgaben

Bei diesem Beispiel wird die Tätigkeit näher beschrieben. Dies ist wie gesagt dann sinnvoll, wenn die Tätigkeitsfelder besondere Kompetenzen in Bezug auf die ausgeschriebene Stelle signalisieren. Ansonsten kann auf die Erläuterung verzichtet werden.

Angaben zu Freizeitaktivitäten

Angabe von Freizeitaktivitäten und Hobbys sind kein Muss.

Der zusätzliche Wert, den Angaben zu Freizeitaktivitäten für eine Bewerbung im wissenschaftlichen Bereich besitzen, ist schwer festzulegen. Im Grunde gilt, dass es nicht schaden kann, diese anzuführen, um hierdurch Engagement über die beruflichen Interessen hinaus zu signalisieren. Eine Bewerbung im wissenschaftlichen Kontext wird vermutlich aber nicht an Wert verlieren, wenn diese Interessen und Aktivitäten nicht im Lebenslauf auftauchen. Werden als Freizeitaktivitäten ohnehin nur Lesen und Radfahren angegeben, verbirgt sich dahinter keine relevante Information.

Immerhin signalisieren Mannschaftssportarten ein gewisses Maß an sozialer Kompetenz und Sportlichkeit, beides persönliche Stärken, die bei Wissenschaftlern vielleicht in Zukunft mehr gefragt sind.

Schriftenverzeichnis

Schriftenverzeichnis besonders wichtig

Sofern bereits eigene Publikationen vorliegen bzw. gemeinsam mit anderen Autoren verfasst wurden, sollten diese unbedingt aufgeführt werden. Dabei handelt es sich nicht um einen Bestandteil des Lebenslaufs im eigentlichen Sinn, sodass das Schriftenverzeichnis auch als separates Dokument in die Bewerbungsunterlagen eingefügt werden kann. Um jedoch die Kohärenz der gesamten Unterlagen zu erhöhen, wird ein Einbeziehen der Publikationen in den Lebenslauf empfohlen. Dabei sollte bedacht werden, ob die Angabe von ein oder zwei Publikationen wirklich sinnvoll ist, zumal wenn es sich um »graue Literatur«, also nicht um Publikationen handelt, die in der Deutschen Nationalbibliografie verzeichnet sind (erkennbar daran, ob eine Publikation eine ISB- oder ISS-Nummer besitzt). Diplom- oder Magisterarbeiten gelten als »graue Literatur«.

In das Schriftenverzeichnis können vier Arten von Publikationen aufgenommen werden:

Publikationen

· Schriftliche Arbeiten (Beiträge in Fachzeitschriften oder Herausge- berbänden, Monografien)
· Vorträge (auf wissenschaftlichen Kongressen)
· Posterpräsentationen (auf wissenschaftlichen Kongressen)
· Forschungsberichte (in der Regel »graue Literatur«)

Deutliche Priorität haben schriftliche Publikationen, denn in der Wissenschaft gilt der Leitsatz: »Wer schreibt, bleibt, wer spricht, nicht«. Deshalb sollten diese Schriften an erster Stelle genannt werden. Überdies kommt Aufsätzen in Fachzeitschriften in den meisten Disziplinen mittlerweile größere Bedeutung zu als Beiträgen in Sammelbänden oder auch Monografien, vor allem wenn die Fachzeitschrift über ein Gutachterverfahren verfügt. An zweiter Stelle können Vorträge und Posterpräsentationen folgen, Forschungsberichte sollten gemäß ihrer inhaltlichen Relevanz für die ausgeschriebene Stelle angeführt werden. Sie besitzen jedoch ein eher geringes Renommee.

Jede Disziplin hat eigene Richtlinien für Literaturverzeichnisse. Es ist wichtig, dass das eigene Schriftenverzeichnis diesen Standards entspricht. Bevor also das Verzeichnis erstellt wird, sollte zunächst recherchiert werden, welcher der gängige Standard der eigenen Disziplin ist. Viele Fachgesellschaften geben hierüber entweder in eigenständigen Publikationen Auskunft oder informieren auf ihren Webseiten. Finden sich weder in der einen noch in der anderen Quelle die nötigen Angaben, so hilft ein Blick in das zentrale Organ der Fachgesellschaft. Jede Disziplin gibt in der Regel über ihre Gesellschaft eine Zeitschrift heraus. Die dort verwendeten Zitierweisen und dargestellten Literaturverzeichnisse sollten als Orientierung genügen.

Unterschiedliche Regeln für Literaturverzeichnisse in den Disziplinen

Unabhängig von diesen disziplinären Unterschieden können Publikationen grundsätzlich in zwei Varianten dargestellt werden. Dies ist zum einen die Nennung aller Autoren in der Reihenfolge des Beitrags.

Varianten zur Nennung von Publikationen

Variante 1 der Autorennennung

Der Umgang mit behinderten Menschen in Sparta und Rom. Ein Vergleich (2006, gemeinsam mit A. Bece u. D. Efge).

Hier wird der Beitrag selbst in den Vordergrund gerückt; Angaben zur Erstautorenschaft werden nicht gemacht. Da aber gerade diese Erstautorenschaft bzw. die Position der Nennung unter allen Autoren eine wichtige Information ist, um den Arbeitsanteil eines Bewerbers an einem Aufsatz oder Buch einschätzen zu können, bietet diese Variante keine wesentlichen Hinweise.

Variante 2 der Autorennennung

A. Bece, M. Müller u. D. Efge (2006): Der Umgang mit behinderten Menschen in Sparta und Rom. Ein Vergleich.

Die Nennung der Autorenfolge macht es möglich, den Anteil an einer Publikation einzuschätzen. Allerdings bestehen in der Wissenschaft einige Besonderheiten, nach denen die »Meriten« einer Erstautorenschaft vergeben werden. Projektleiter beanspruchen zuweilen bei jeder Publikation die Erstnennung, oder Autorenschaften werden grundsätzlich in alphabetischer Reihenfolge vergeben.

Welche Variante gewählt wird, hängt letztlich davon ab, wie viele Erstautorenschaften das eigene Schriftenverzeichnis aufweist. Variante 1 besitzt aber eher den Charakter, den tatsächlichen Eigenbeitrag kaschieren zu wollen.

Verzeichnis der Lehrveranstaltungen

Lehrveranstaltungen erst ab zwei oder drei Seminaren anführen

Für das Verzeichnis der Lehrveranstaltungen gilt ebenso wie für Publikationen, dass diese Rubrik nur dann in die Bewerbungsunterlagen aufgenommen werden sollte, wenn wenigstens zwei oder drei Veranstaltungen gehalten wurden. Ansonsten kann im Anschreiben auf vorhandene erste Lehrerfahrungen kurz verwiesen werden.

Zur Lehre können auch Tutorien, die während der Studienzeit selbst gehalten wurden, hinzugezählt werden. Dies signalisiert bereits sehr frühe Lehrerfahrungen und wirkt sich positiv auf eine Bewerbung aus.

Bei der Darstellung von Lehrerfahrung besteht kein definiertes For- Darstellung von Lehrver- anstaltungen
mat. Üblicherweise werden

- das Semester,
- die Universität,
- die Art der Lehrveranstaltung,
- der Titel,
- die Zielgruppe sowie
- ggf. eine kurze Beschreibung der Lehrinhalte

im Lehrverzeichnis angegeben. Für die Inhalte der Lehre gilt Ähnliches wie bei allen vorherigen Bereichen des Lebenslaufs: Ausführ-
liche Beschreibungen unterstützen die eigene Bewerbung, wenn die
Inhalte eine höhere Passung hinsichtlich der zu besetzenden Stelle
nahelegen.

Das folgende Beispiel illustriert, wie alle vier Aspekte berücksichtigt
werden können.

Beispiel für ein Lehrverzeichnis

WS 2003/04 – Universität Kannstadt
Übung: Grundlagen wissenschaftlichen Arbeitens
(Psychologiestudierende im Grundstudium)

In der Lehrveranstaltung werden grundlegende wissenschaftliche Arbeitstechniken
wie Literaturrecherche, wissenschaftliches Schreiben und Präsentieren vermittelt und
praktisch eingeübt.

SS 2004 – Universität Kannstadt
Übung: Empirische Forschungsmethoden I
(Psychologie- und Pädagogikstudierende im Grundstudium)

In der Übung wird ein Überblick über Theorien, Forschungsdesigns und Methoden der
empirischen Sozialforschung vermittelt.

Das hier gewählte Format kann im Grunde beliebig abgeändert werden.
Wesentlich ist jedoch, dass die genannten sechs Aspekte aufgeführt
werden und die Darstellung übersichtlich bleibt.

Für den Fall, dass die eigene Lehre evaluiert wurde und die Eva- Positive Lehr- evaluationen in der Bewerbung nennen
luation positiv ausgefallen ist, kann diese selbst sowie deren Ergebnis
kurz erwähnt werden. Wenn es zutrifft, dass auch an deutschen Universitäten die Qualität der Lehre zunehmend als wichtiger Indikator für

wissenschaftliche Exzellenz herangezogen wird, dann erhält die eigene Bewerbung durch eine gute Evaluation durchaus Pluspunkte.

Gestaltung des Lebenslaufs

Wie für das Anschreiben gilt auch für die Gestaltung des tabellarischen Lebenslaufs das Prinzip dezenter Zurückhaltung. Das Layout soll die inhaltlichen Angaben des Lebenslaufs unterstützen und bereits auf den ersten Blick eine klare Gliederung erkennen lassen. Auf ikonografische Elemente sollte ebenso verzichtet werden wie auf schwer leserliche Schriften, übermäßige Nutzung von Fett- oder Kursivdruck sowie auf einen Wechsel des Designs.

Tipps für die Erstellung des Layouts

1. Geschmäcker sind verschieden. Was Sie selbst als ansprechend wahrnehmen, kann von einer anderen Person als unschön empfunden werden. Reduzieren Sie deshalb Ihr Layout auf das Notwendigste, quasi auf den »kleinsten gemeinsamen Nenner« der Gestaltung. Das bedeutet: Wählen Sie ein Design, das die Lesbarkeit der Angaben und die Identifikation der Struktur erleichtert.

2. Achten Sie auf eine großzügige Raumnutzung des Textes. Eng bedruckte Seiten wirken schnell wie »Bleiwüsten« und machen keinen guten Eindruck.

3. Ein ansprechendes Layout zeichnet sich durch eine klare Linienführung aus. Wählen Sie beispielsweise für Datumsangaben und die Beschreibung der Tätigkeit immer einen identischen Abstand vom linken Rand (Einzug). Hierbei helfen Tabellen (vgl. Punkt 4).

4. Nutzen Sie in Ihrem Textverarbeitungsprogramm statt Tabulatoren eher Tabellen, um Ihrem Lebenslauf die richtige Form zu geben. Eine solche Formatierung »verrutscht« seltener, wenn Sie beispielsweise neue Angaben einfügen oder bestehende Zeilen herausnehmen.

5. Definieren Sie im Textverarbeitungsprogramm vor der Erstellung des Lebenslaufs Formatvorlagen (wie z. B. Überschrift, Datumsangabe). Nutzen Sie nur diese Formatvorlagen, damit Sie bei Änderungen des Layouts nicht jede Zeile einzeln korrigieren müssen, sondern in einem Arbeitsgang alle Textbausteine mit identischer Formatierung bearbeiten können.

6. Sind Sie nicht sehr sicher im Umgang mit Ihrem Textverarbeitungsprogramm bzw. erstellen Sie das erste Mal einen Lebenslauf, empfiehlt sich die Einarbeitung in das Programm mithilfe von Einführungsratgebern.

7. Führen Sie beim Erstellen des Lebenslaufs Probedrucke durch. Der Ausdruck vermittelt einen besseren Eindruck davon, wie ansprechend das Design letztlich ist. Am Bildschirm wirken Farben und auch Layouts häufig ein wenig anders als auf dem Ausdruck.

8. Bei Farbdrucken gilt für den Lebenslauf ebenso wie für das Anschreiben, dass kostengünstige Tintenstrahldrucker ein weniger schönes Erscheinungsbild produzieren. Entscheiden Sie sich in diesem Fall lieber für einen hochwertigen Ausdruck im Copyshop.

Ferner ist es wichtig, dass die Gestaltung des Lebenslaufs zu jener des Anschreibens passt. Hierdurch wirken die Bewerbungsunterlagen einheitlich. Andernfalls entsteht leicht der Eindruck, dass zu einem stets verwendeten Lebenslauf immer wieder ein neues Anschreiben verfasst wird.

Einheitliche Gestaltung von Anschreiben und Lebenslauf

Tipps für ein einheitliches Design

1. Verwenden Sie die Schriftart des Anschreibens auch im Lebenslauf.
2. Achten Sie auf identische Abstände zu den Seitenrändern, insbesondere links und rechts.
3. Verwenden Sie gleiche Zeilenabstände wie im Anschreiben.
4. Übernehmen Sie gestalterische Elemente des Anschreibens auch in den Lebenslauf.

Für die folgenden Beispiele zur Gestaltung eines Lebenslaufs werden die Designs der drei Anschreiben aufgegriffen. Vorangestellt wird eine Variante, wie ein Lebenslauf nicht präsentiert werden sollte, um die wichtigsten Layoutfehler aufzeigen zu können.

Varianten zur Gestaltung eines Lebenslaufs

So bitte nicht!

Lebenslauf für Miriam Mu...

Schulbildung

08/1980–06/1984, Grundschule Musterdorf
08/1984–07/1986, Orientierungsstufe Nebenstadt
09/1986–06/1990, Gymnasium Nebenstadt,
Sekundarstufe I
08/1990–06/1993, Gymnasium Großstadt, Sekundarstufe II, Erwerb der allg. Hochschulreife (Note: 1,3)

Hochschulbildung: 10/1993–03/1994, Studium Geo-
grafie und Englisch für Lehramt an Gymnasien, Universität Wissensstadt
04/1995–09/1999, Diplomstudium Psychologie, Universität Wissensstadt, Erwerb des Diploms (Note: 1,0)
10/2000–03/2003, Promotionsstudium Psychologie,
University of Knowledge, GB, Erwerb des Doktors der
Philosophie (Note: magna cum laude)

Berufsausbildung
07/1994–12/1994, Lehre zur Bankkauffrau, Sparkasse
Girotal (nicht abgeschlossen)

Sonstiges
10/1999–09/2000, Zusatzstudium »Human Resource
Management«, Akademie für Weiterbildung, Wissensstadt
07/2003–06/2005, wiss. Mitarbeiterin (BAT IIa/2)
am Lehrstuhl Psychologie IV, Universität Kannstadt
09/2005–08/2008, wiss. Referentin (BAT IIa) am Institut
für Psychosoziale Beratung, Wissensstadt
05/1994–10/1994, sechsmonatiges Auslandspraktikum
im Pflegeheim St. Martin, Townname, UK
08/1996–10/1996, dreimonatiger Sprachkurs an der
University of Knowledge, UK
08/1997–10/1997, dreimonatiges Praktikum in der
Kindertagesstätte »Windrädchen«, Wissensstadt

02/1998–09/1999, studentisc ~~~~~ ~ft im For-
schungsprojekt »Peer-Teaching u~~~~ ~~~ ~ern-
erfolg« am Lehrstuhl Pädagogische Psych~~~~
(Prof. Dr. K. L. Emeno), Universität Wissensstadt
Seit 02/2006, ehrenamtliche Mitarbeiterin in der
Hausaufgabenhilfe »LernMal e. V.«, Kannstadt

So bitte nicht!

Lehrveranstaltungen
WS 2003/04 – Universität Kannstadt, Übung: Grund-
lagen wissenschaftlichen Arbeitens (Psychologiestudierende im Grundstudium). In der Lehrveranstaltung werden grundlegende wissenschaftliche Arbeitstechniken wie Literaturrecherche, wissenschaftliches Schreiben und Präsentieren vermittelt und praktisch eingeübt.

SS 2004 – Universität Kannstadt, Übung: Empirische
Forschungsmethoden I (Psychologie- und Pädagogikstudierende im Grundstudium) In der Übung wird ein Überblick über
Theorien, Forschungsdesigns und Methoden der empirischen Sozialforschung
vermittelt.

Musterstadt, 30.10.2008

[Unterschrift: Miriam Müller]

Der einzige, wenngleich zweifelhafte Vorteil dieses Lebenslaufs besteht
darin, dass alle Angaben auf einer Seite Platz finden. Darüber hinaus
enthält dieses Beispiel diverse Mängel, die einen inhaltlich hervor-
ragenden Lebenslauf nicht zur Geltung kommen lassen. Die Gestal-
tungsfehler sind im Einzelnen:

Gestaltungs-
fehler

· Schrifttyp und Schriftgrad werden zu häufig gewechselt. Insgesamt
fünf verschiedene, zum Teil schwer lesbare Schrifttypen und drei unterschiedliche Schriftgrade lassen den Text unruhig wirken. Beschränken Sie sich auf einen, maximal zwei Schrifttypen.
· Innerhalb einer Zeile werden Schrifttyp, -satz und -größe gewechselt.
In der Rubrik »Lehrveranstaltungen« folgt auf einen Fettdruck in
Arial (12 p) ein Satz in Arial (11 p), der wiederum abgelöst wird durch
die Schriftart Times New Roman in der Schriftgröße 9 p. Dies erzeugt
Unruhe, statt die hervorzuhebenden Worte in den Mittelpunkt zu

rücken. Nutzen Sie innerhalb einer Zeile immer die gleiche Schriftart und -größe.

- Der Zeilenabstand innerhalb der Themenblöcke ist, auch angesichts der »massiven« Schriftart, zu klein. Verwenden Sie einen Zeilenabstand, der mindestens 2 p größer ist als die Schriftart selbst (z. B. 14 p Abstand zwischen den Zeilen bei einer Schriftgröße von 12 p). Je nach Schrifttyp sind u. U. auch 3 p angemessen.

- Der Wechsel von normalem in Kursivsatz (in der Rubrik »Sonstiges«) sowie die Unterstreichung stellen ebenfalls keine Hervorhebungen dar, sondern erzeugen ein unruhiges Schriftbild. Wechseln Sie die Formatierung der Schrift nicht innerhalb einer Zeile, allenfalls am Beginn der Zeile.

- Der Abstand zum linken Rand ist nicht einheitlich. Die Textblöcke »Schulbildung«, »Sonstiges« und »Lehrveranstaltungen« weisen untereinander und im Vergleich zu den übrigen Abschnitten einen jeweils unterschiedlichen Abstand zum Rand auf. Achten Sie auf einen durchgehenden Abstand.

- Der Satz des Textes wird insgesamt linksbündig gehalten, die Rubrik «Hochschulbildung» weist jedoch Blocksatz auf. Setzen Sie den Text einheitlich linksbündig. Beachten Sie, dass beim Blocksatz Silbentrennungen notwendig sind bzw. bei fehlender Silbentrennung uneinheitliche Abstände zwischen den einzelnen Wörtern entstehen.

- Die Überschriften der einzelnen Rubriken sind nicht immer deutlich vom nachfolgenden Block abgehoben. Im Fall der Überschrift »Hochschulbildung« ist der Text fortlaufend, statt in einer neuen Zeile zu beginnen. Heben Sie Überschriften immer von nachfolgenden Absätzen ab.

- Die Abstände vor und nach den Überschriften sind nicht einheitlich. Im Fall der Überschrift »Berufsausbildung« ist zudem der Abstand zum vorigen Absatz geringer als zum nachfolgenden. Das suggeriert, dass diese Überschrift eher zum davor- als zum nachstehenden Textblock gehört. Nutzen Sie einheitliche Abstände zwischen den einzelnen Blöcken, indem Sie vorab Formatvorlagen für die einzelnen Textbausteine definieren.

- Die Gesamtüberschrift ist deutlich zu groß geraten und in einem dominanten Schrifttyp gesetzt. Hierdurch wird der Lebenslauf sehr »kopflastig«. Vermeiden Sie nach Möglichkeit, der Gesamtüberschrift ein zu großes oder dominantes Erscheinungsbild zu geben, indem Sie die gleiche Schriftgröße wie im Text verwenden.

- Die Darstellung der Datumsangaben ist durch die Verwendung der Zeichen »/« und »–« ohne Leerzeichen schwer zu entziffern. Achten Sie auf gute Lesbarkeit der biografischen Daten, setzen Sie Leerzeichen vor und hinter dem »–«-Zeichen.
- Datums- und Tätigkeitsangaben sind optisch nicht hinreichend getrennt. Gleiches gilt für die aufeinanderfolgenden einzelnen biografischen Stationen. Heben Sie Datumsangaben deutlich von den korrespondierenden Tätigkeitsbeschreibungen ab.

Die nachfolgenden drei Beispiele zeigen hingegen, wie ein gelungenes Layout aussehen kann, ohne dass es notwendig ist, über besondere gestalterische Kompetenzen zu verfügen. Als eine Besonderheit wird dem Lebenslauf – und damit den gesamten Bewerbungsunterlagen – ein Deckblatt vorangestellt. Ein solches Deckblatt ist bei wissenschaftlichen Bewerbungen zwar nicht unbedingt ein Standard, übernimmt jedoch die Funktion eines Titelblatts für die gesamte Bewerbung und erzeugt somit zusätzlich den Eindruck einer Bewerbung »aus einem Guss«. Ein weiterer Vorteil ist, dass das Lichtbild nicht, wie häufig üblich, an den Beginn des Lebenslaufs neben die persönlichen Angaben gesetzt werden muss, was nicht selten sehr gedrungen wirkt.

Auch bei geringen gestalterischen Kompetenzen ansprechendes Design

Bewerbungsunterlagen

Miriam Müller M. A.

Musterstr. 123
12345 Musterstadt
Tel.: 01234 555566
Mobil: 0123 6665555

m.mueller@provvider.info

Lebenslauf

Persönliche	
Daten	Miriam Luisa Müller, geb. Voslamber
	Musterstr. 123
	12345 Musterstadt
	Tel.: 01234 555566
	Mobil: 0123 6665555
	m.mueller@provvider.info
	geboren am 16.05.1975 in Nürnberg
	verheiratet, ein Kind

Schulische und akademische Abschlüsse

06/1993	Erwerb der allg. Hochschulreife, Gymnasium Großstadt (Note: 1,3)
09/1999	Erwerb des Diploms in Psychologie, Universität Wissensstadt (Betreuer: Prof. Dr. G. H. Mayer; Note: 1,0)

Titel der Diplomarbeit (Note: 1,0)
Auswirkungen eines Trainings zu selbst reguliertem Lernen auf den schulischen Erfolg bei Hauptschülern

Im Rahmen der Diplomarbeit wurde eine Interventionsstudie bei 56 Hauptschülern der 7. Klasse durchgeführt. Es wurde untersucht, ob die Untersuchungsgruppe, die zwei Wochen lang ein Lerntagebuch geführt hat, selbstregulative Kompetenzen erwirbt und hierdurch bessere schulische Leistungen erzielt als die Vergleichsgruppe ohne Intervention.

03/2003	Erwerb des Doktors der Philosophie, University of Knowledge, GB (Betreuer: Prof. R. S. Jones, Ph. D.; Note: magna cum laude)

Titel der Dissertation (Note: 1,0)
Value orientations and motivation to learn among British and German Secondary School Students

Grundlage der Dissertation ist eine vergleichende Längsschnittstudie bei Schülern der Sekundarstufe (7.–9. Klasse) in Großbritannien (453 Schüler) und Deutschland (378 Schüler). Die Studie zielt auf die Erklärung von Lernmotivation durch Wertorientierungen sensu Inglehart ab und zeigt auf, dass in beiden Ländern die Wertschätzung von Leistung zu einer höheren, die Orientierung an Wohlbefindenswerten zu einer geringeren schulischen Lernmotivation führt.

Lebenslauf (Fortsetzung)

Ausbildung

08/1980 bis 06/1984	Grundschule Musterdorf
08/1984 bis 07/1986	Orientierungsstufe Nebenstadt
09/1986 bis 06/1990	Gymnasium Nebenstadt, Sekundarstufe I
08/1990 bis 0671993	Gymnasium Großstadt, Sekundarstufe II

Hochschulbildung

10/1993 bis 03/1994	Studium Geografie und Englisch für Lehramt an Gymnasien, Universität Wissensstadt
04/1995 bis 09/1999	Diplomstudium Psychologie, Universität Wissensstadt
10/2000 bis 03/2003	Promotionsstudium Psychologie, University of Knowledge, GB

Berufsausbildung

07/1994 bis 12/1994	Lehre zur Bankkauffrau, Sparkasse Girotal (nicht abgeschlossen)

Weiterbildung

10/1999 bis 09/2000	Zusatzstudium »Human Resource Management«, Akademie für Weiterbildung, Wissensstadt

Beruflicher Werdegang

07/2003 bis 06/2005	Wiss. Mitarbeiterin (BAT IIa/2) am Lehrstuhl Psychologie IV (Pädagogische Psychologie, Prof. Dr. A. B. Cedef), Universität Kannstadt
	Aufgaben in Forschung und Lehre in den Bereichen Lehren und Lernen in Schule und Familie, Studienberatung für Studierende der Psychologie, Mitwirkung an Publikationen
09/2005 bis 08/2008	Wiss. Referentin (BAT IIa) am Institut für Psychosoziale Beratung (Prof. Dr. G. H. Ijot), Universität Wissensstadt
	Aufgaben in Forschung und Lehre im Bereich Beratung und Coaching von Kindern mit Lernschwierigkeiten, Mitwirkung in Beratungsgesprächen betroffener Familien

Lebenslauf (Fortsetzung)

**Auslands-
aufenthalte**

05/1994 bis 10/1994 | Sechsmonatiges Auslandspraktikum im Pflegeheim St. Martin, Townname, UK

08/1996 bis 10/1996 | Dreimonatiger Sprachkurs an der University of Knowledge, UK

10/2000 bis 03/2003 | Promotionsstudium Psychologie, University of Knowledge, GB

Weitere Aktivitäten

08/1997 bis 10/1997 | Dreimonatiges Praktikum in der Kindertagesstätte »Windrädchen«, Wissensstadt

Zu den Aufgaben gehörte neben der Betreuung der Kindergartenkinder die Erstellung eines Beobachtungsbogens zur Diagnostik von Sprachschwierigkeiten bei Kindern mit Migrationshintergrund.

02/1998 bis 09/1999 | Studentische Hilfskraft im Forschungsprojekt »Peer-Teaching und schulischer Lernerfolg« am Lehrstuhl Pädagogische Psychologie (Prof. Dr. K. L. Emeno), Universität Wissensstadt

Unterstützung des Forschungsprojekts durch Literaturrecherchen, Durchführung von Fragebogenerhebungen, Dateneingabe mit SPSS

Seit 02/2006 | Ehrenamtliche Mitarbeiterin in der Hausaufgabenhilfe »LernMal e. V.«, Kannstadt

Unterstützung lernschwacher Kinder bei der Erledigung von Hausaufgaben

Musterstadt, 30.10.2008

Miriam Müller

Besonders markant an dieser Gestaltungsvariante ist der großzügige Umgang mit freien Räumen. Jeder inhaltliche Abschnitt wird deutlich von vorigen und nachfolgenden Rubriken abgegrenzt. Hierdurch wirkt nicht nur der Lebenslauf etwas umfangreicher, sondern die Inhalte lassen sich auch leichter erschließen.

Als Stilelemente aus dem Anschreiben finden sich die Linie als Abgrenzung zwischen den Zeitangaben und den Tätigkeitsbeschreibungen sowie der Schrifttyp wieder. Die Überschriften der Rubriken werden fett gedruckt und die Beschreibungen der Inhalte von Diplomarbeit und Promotionsschrift sowie der Tätigkeiten werden in Schriftgröße 9 p statt 11 p gesetzt. Ansonsten verzichtet der Lebenslauf gänzlich auf gestalterische Elemente und wirkt dadurch seriös.

Technisch umgesetzt wird das Design durch eine einfache Tabelle mit zwei Spalten, bei der die linke Spalte auf der rechten Seite eine Linie erhält. Jede Art von Zeile wurde einmal als Vorlage erstellt (Zeile 1: »Lebenslauf«; Zeile 2: Überschrift (Kopf der Seite); Zeile 3: Überschrift (nicht am Kopf der Seite); Zeile 4: Datumsangabe und Text) und dann nach Bedarf kopiert und als neue Zeile in die Tabelle eingefügt. Dies erleichtert den Arbeitsgang und stellt zudem identische Formatierungen sicher.

Bewerbungsunterlagen

Miriam Müller M. A.

Musterstr. 123
12345 Musterstadt
Tel.: 01234 555566
Mobil: 0123 6665555

m.mueller@provvider.info

Lebenslauf zur Bewerbung als wissenschaftliche Mitarbeiterin

Miriam Luisa Müller, geb. Voslamber

Musterstr. 123
12345 Musterstadt

Tel.: 01234 555566
Mobil: 0123 6665555
m.mueller@provvider.info

geboren am 16.05.1975 in Nürnberg
verheiratet, ein Kind

Schulische und akademische Abschlüsse

06/1993   Erwerb der allg. Hochschulreife, Gymnasium Großstadt
            (Note: 1,3)

09/1999   Erwerb des Diploms in Psychologie, Universität Wissens-
            stadt (Betreuer: Prof. Dr. G. H. Mayer; Note: 1,0)

            Titel der Diplomarbeit (Note: 1,0)
            Auswirkungen eines Trainings zu selbst reguliertem
            Lernen auf den schulischen Erfolg bei Hauptschülern

            Im Rahmen der Diplomarbeit wurde eine Interventionsstudie bei
            56 Hauptschülern der 7. Klasse durchgeführt. Es wurde unter-
            sucht, ob die Untersuchungsgruppe, die zwei Wochen lang ein
            Lerntagebuch geführt hat, selbstregulative Kompetenzen erwirbt
            und hierdurch bessere schulische Leistungen erzielt als die Ver-
            gleichsgruppe ohne Intervention.

03/2003   Erwerb des Doktors der Philosophie, University of
            Knowledge, GB (Betreuer: Prof. R. S. Jones, Ph. D.;
            Note: magna cum laude)

            Titel der Dissertation (Note: 1,0)
            Value orientations and motivation to learn among British
            and German Secondary School Students

            Grundlage der Dissertation ist eine vergleichende Längsschnitt-
            studie bei Schülern der Sekundarstufe (7.–9. Klasse) in Groß-
            britannien (453 Schüler) und Deutschland (378 Schüler). Die
            Studie zielt auf die Erklärung von Lernmotivation durch Wert-
            orientierungen sensu Inglehart ab und zeigt auf, dass in beiden
            Ländern die Wertschätzung von Leistung zu einer höheren,
            die Orientierung an Wohlbefindenswerten zu einer geringeren
            schulischen Lernmotivation führt.

Lebenslauf – Fortsetzung

Ausbildung

08/1980 bis 06/1984	Grundschule Musterdorf
08/1984 bis 07/1986	Orientierungsstufe Nebenstadt
09/1986 bis 06/1990	Gymnasium Nebenstadt, Sekundarstufe I
08/1990 bis 06/1993	Gymnasium Großstadt, Sekundarstufe II

Hochschulbildung

10/1993 bis 03/1994	Studium Geografie und Englisch für Lehramt an Gymnasien, Universität Wissensstadt
04/1995 bis 09/1999	Diplomstudium Psychologie, Universität Wissensstadt
10/2000 bis 03/2003	Promotionsstudium Psychologie, University of Knowledge, GB

Berufsausbildung

07/1994 bis 12/1994	Lehre zur Bankkauffrau, Sparkasse Girotal (nicht abgeschlossen)

Weiterbildung

10/1999 bis 09/2000	Zusatzstudium »Human Resource Management«, Akademie für Weiterbildung, Wissensstadt

Beruflicher Werdegang

07/2003 bis 06/2005	Wiss. Mitarbeiterin (BAT IIa/2) am Lehrstuhl Psychologie IV (Pädagogische Psychologie, Prof. Dr. A. B. Cedef), Universität Kannstadt
	Aufgaben in Forschung und Lehre in den Bereichen Lehren und Lernen in Schule und Familie, Studienberatung für Studierende der Psychologie, Mitwirkung an Publikationen

Lebenslauf – Fortsetzung

09/2005 bis 08/2008	Wiss. Referentin (BAT IIa) am Institut für Psychosoziale Beratung (Prof. Dr. G. H. Ijot), Universität Wissensstadt

Aufgaben in Forschung und Lehre im Bereich Beratung und Coaching von Kindern mit Lernschwierigkeiten, Mitwirkung in Beratungsgesprächen betroffener Familien

Auslandsaufenthalte

05/1994 bis 10/1994	Sechsmonatiges Auslandspraktikum im Pflegeheim St. Martin, Townname, UK
08/1996 bis 10/1996	Dreimonatiger Sprachkurs an der University of Knowledge, UK
10/2000 bis 03/2003	Promotionsstudium Psychologie, University of Knowledge, GB

Weitere Aktivitäten

08/1997 bis 10/1997	Dreimonatiges Praktikum in der Kindertagesstätte »Windrädchen«, Wissensstadt

Zu den Aufgaben gehörte neben der Betreuung der Kindergartenkinder die Erstellung eines Beobachtungsbogens zur Diagnostik von Sprachschwierigkeiten bei Kindern mit Migrationshintergrund.

02/1998 bis 09/1999	Studentische Hilfskraft im Forschungsprojekt »Peer-Teaching und schulischer Lernerfolg« am Lehrstuhl Pädagogische Psychologie (Prof. Dr. K. L. Emeno), Universität Wissensstadt

Unterstützung des Forschungsprojekts durch Literaturrecherchen, Durchführung von Fragebogenerhebungen, Dateneingabe mit SPSS

Seit 02/2006	Ehrenamtliche Mitarbeiterin in der Hausaufgabenhilfe »LernMal e. V.«, Kannstadt

Unterstützung lernschwacher Kinder bei der Erledigung von Hausaufgaben

Musterstadt, 30.10.2008

Miriam Müller

Das Layout dieses Beispiels wirkt insgesamt kräftiger, weil die gewählte Schriftart Arial in 11 p größer ausfällt als der zuvor verwendete Typ Garamond. Auch ist der Abstand zwischen den Datumsangaben und den Beschreibungen geringer angesetzt, um zusätzlichen Raum für den etwas größeren Schrifttyp zu gewinnen. Die durchgezogene Linie wurde als stilbildendes Element aus dem Anschreiben übernommen und erzeugt eine klare Linienführung.

Kräftig-nüchternes Layout durch Schriftart und durchgezogene Linien

Die Überschriften sind kursiv gesetzt und werden hierdurch dezent vom übrigen Text abgehoben. Dieses Layout ist insgesamt ein häufig verwendetes Design mit geringem Anspruch an die gestalterischen Kompetenzen und einer eher nüchtern-sachlichen Ausstrahlung. Durch die durchgezogenen Linien nach jeder Überschrift wirkt es zudem etwas statisch und weniger dynamisch als das Beispiel 2.

Die letzte Variante verfügt über farbliche Akzente, die die Einheitlichkeit zum Anschreiben herstellen und gleichzeitig für ein lockeres Erscheinungsbild sorgen. Es stellt zum vorherigen Beispiel lediglich hinsichtlich der Farbbalken und dem Schrifttyp eine Variation dar, besitzt jedoch eine deutlich andere optische Wirkung.

Bewerbungsunterlagen

Miriam Müller M. A.

Musterstr. 123
12345 Musterstadt
Tel.: 01234 555566
Mobil: 0123 6665555

m.mueller@provvider.info

Miriam Luisa Müller, geb. Voslamber
Musterstr. 123
12345 Musterstadt
Tel.: 01234 555566
Mobil: 0123 6665555
m.mueller@provvider.info

geboren am 16.05.1975 in Nürnberg
verheiratet, ein Kind

Schulische und akademische Abschlüsse

Juni 1993	Erwerb der allg. Hochschulreife, Gymnasium Groß- stadt (Note: 1,3)
Sept. 1999	Erwerb des Diploms in Psychologie, Universität Wis- sensstadt (Betreuer: Prof. Dr. G. H. Mayer; Note: 1,0)

Titel der Diplomarbeit (Note: 1,0)
Auswirkungen eines Trainings zu selbst reguliertem Lernen auf den schulischen Erfolg bei Hauptschülern

Im Rahmen der Diplomarbeit wurde eine Interventionsstudie bei 56 Hauptschülern der 7. Klasse durchgeführt. Es wurde untersucht, ob die Untersuchungsgruppe, die zwei Wochen lang ein Lerntagebuch geführt hat, selbstregulative Kompetenzen erwirbt und hierdurch bessere schulische Leistungen erzielt als die Vergleichsgruppe ohne Intervention.

März 2003	Erwerb des Doktors der Philosophie, University of Knowledge, GB (Betreuer: Prof. R. S. Jones, Ph. D.; Note: magna cum laude)

Titel der Dissertation (Note: 1,0)
Value orientations and motivation to learn among British and German Secondary School Students

Grundlage der Dissertation ist eine vergleichende Längsschnitt- studie bei Schülern der Sekundarstufe (7.–9. Klasse) in Groß- britannien (453 Schüler) und Deutschland (378 Schüler). Die Studie zielt auf die Erklärung von Lernmotivation durch Wert- orientierungen sensu Inglehart ab und zeigt auf, dass in beiden Ländern die Wertschätzung von Leistung zu einer höheren, die Orientierung an Wohlbefindenswerten zu einer geringeren schu- lischen Lernmotivation führt.

Lebenslauf – Fortsetzung

Ausbildung

Aug. 1980 bis Juni 1984	Grundschule Musterdorf
Aug. 1984 bis Juli 1986	Orientierungsstufe Nebenstadt
Sept. 1986 bis Juni 1990	Gymnasium Nebenstadt, Sekundarstufe I
Aug. 1990 bis Juni 1993	Gymnasium Großstadt, Sekundarstufe II

Hochschulbildung

Okt. 1993 bis März 1994	Studium Geografie und Englisch für Lehramt an Gymnasien, Universität Wissensstadt
April 1995 bis Sept. 1999	Diplomstudium Psychologie, Universität Wissensstadt
Okt. 2000 bis März 2003	Promotionsstudium Psychologie, University of Knowledge, GB

Berufsausbildung

Juli 1994 bis Dez. 1994	Lehre zur Bankkauffrau, Sparkasse Girotal (nicht abgeschlossen)

Weiterbildung

Okt. 1999 bis Sept. 2000	Zusatzstudium »Human Resource Management«, Akademie für Weiterbildung, Wissensstadt

Beruflicher Werdegang

Juli 2003 bis Juni 2005	Wiss. Mitarbeiterin (BAT IIa/2) am Lehrstuhl Psychologie IV (Pädagogische Psychologie, Prof. Dr. A. B. Cedef), Universität Kannstadt
	Aufgaben in Forschung und Lehre in den Bereichen Lehren und Lernen in Schule und Familie, Studienberatung für Studierende der Psychologie, Mitwirkung an Publikationen

Lebenslauf – Fortsetzung

Sept. 2005 bis Aug. 2008   Wiss. Referentin (BAT IIa) am Institut für Psychosoziale Beratung (Prof. Dr. G. H. Ijot), Universität Wissensstadt

Aufgaben in Forschung und Lehre im Bereich Beratung und Coaching von Kindern mit Lernschwierigkeiten, Mitwirkung in Beratungsgesprächen betroffener Familien

Auslandsaufenthalte

Mai 1994 bis Okt. 1994   Sechsmonatiges Auslandspraktikum im Pflegeheim St. Martin, Townname, UK

Aug. 1996 bis Okt. 1996   Dreimonatiger Sprachkurs an der University of Knowledge, UK

Okt. 2000 bis März 2003   Promotionsstudium Psychologie, University of Knowledge, GB

Weitere Aktivitäten

Aug. 1997 bis Okt. 1997   Dreimonatiges Praktikum in der Kindertagesstätte »Windrädchen«, Wissensstadt

Zu den Aufgaben gehörte neben der Betreuung der Kindergartenkinder die Erstellung eines Beobachtungsbogens zur Diagnostik von Sprachschwierigkeiten bei Kindern mit Migrationshintergrund.

Febr. 1998 bis Sept. 1999   Studentische Hilfskraft im Forschungsprojekt »Peer-Teaching und schulischer Lernerfolg« am Lehrstuhl Pädagogische Psychologie (Prof. Dr. K. L. Emeno), Universität Wissensstadt

Unterstützung des Forschungsprojekts durch Literaturrecherchen, Durchführung von Fragebogenerhebungen, Dateneingabe mit SPSS

Seit Feb. 2006   Ehrenamtliche Mitarbeiterin in der Hausaufgabenhilfe »LernMal e. V.«, Kannstadt

Unterstützung lernschwacher Kinder bei der Erledigung von Hausaufgaben

Musterstadt, 30.10.2008

Miriam Müll

Freundlich-
verspieltes Layout
mit klassischen
Akzenten

Insgesamt wirkt dieser Entwurf freundlicher und etwas verspielter als die anderen Varianten; die Schriftart Times New Roman ist klassisch und vermittelt Seriosität. Die Farbbalken setzen Akzente und grenzen die einzelnen Themenbereiche klar voneinander ab.

Wichtig ist für die Farbbalken, dass etwaige Wechsel im Farbton mit anderen Formatierungen korrespondieren. Im vorliegenden Fall wurde das dunklere der drei Farbelemente bündig mit den Beschreibungen der biografischen Stationen gesetzt. Hierdurch wird optisch eine weitere Grenze betont, die die Orientierung des Auges beim Lesen des Lebenslaufs unterstützt.

Ausgeschriebene
Monats-
namen erhöhen
die Lesbarkeit.

Die Lesbarkeit wurde zudem dadurch erhöht, dass für die Monatsangaben statt der Zahlen die Namen der Monate angeführt wurden. Dies nimmt der Bewerbung den »technischen« Charakter und kann auch in den anderen beiden Varianten Anwendung finden.

Vorlagen für Lebensläufe in Textverarbeitungsprogrammen und im Internet

Im Internet, auf im Handel erhältlichen CDs und DVDs sowie in Textverarbeitungsprogrammen findet sich eine große Auswahl an Vorlagen zur Erstellung eines Lebenslaufs. Die Palette reicht von nüchtern-sachlichen bis hin zu auffällig-bunten Mustern. Solche Vorlagen sind nicht grundsätzlich von Nachteil: Sie können die Erstellung einer ansprechenden Bewerbung durchaus erleichtern. Allerdings richten sich diese Vorlagen in vielen Fällen an Bewerber, die eine Stelle in der Wirtschaft, in Behörden oder anderen Einrichtungen anstreben.

Diese Vorlagen sind nicht durchweg von professionellen Designern erstellt. Außerdem läuft die eigene Bewerbung mit einem solchen Layout Gefahr, einer anderen Bewerbung mit gleicher Mustervorlage zum Verwechseln ähnlich zu sehen. Dies mindert die Individualität der Unterlagen und suggeriert, dass wenig Mühe in eine ansprechende Bewerbung investiert wurde.

Wer allerdings von sich weiß, dass er bzw. sie absolut nicht stilsicher ist, sollte sich an einfachen Vorlagen orientieren und diese den eigenen Bedürfnissen gemäß anpassen.

Zusammenfassung

Der Lebenslauf gibt Auskunft über bislang erworbene Bildungs- und Berufsqualifikationen. Vor allem in den Sozial- und Geisteswissenschaften wird Wert auf eine lückenlose Darstellung gelegt. Auf einen ausführlichen Lebenslauf kann in der Regel zugunsten einer tabellarischen Variante verzichtet werden.

Auch wenn sich biografische Daten nicht fortlaufend ändern, sollte der tabellarische Lebenslauf dennoch der Stellenausschreibung angepasst werden, um besonders gut passende biografische Stationen und erworbene Kompetenzen in den Mittelpunkt zu rücken.

Die wichtigsten Rubriken des tabellarischen Lebenslaufs sind bei Hochschulabsolventen Angaben zur Person, zur Ausbildung an Schule und Hochschule und zu Auslandsaufenthalten. Bei Wissenschaftlern mit Berufserfahrung liefern die bisherigen beruflichen Tätigkeiten, das Schriftenverzeichnis sowie die gehaltenen Lehrveranstaltungen wichtige Argumente für die Einstellung eines Bewerbers.

Das Layout des Lebenslaufs sollte insgesamt eher zurückhaltend sein und durch eine klare optische Strukturierung die Lesbarkeit der Informationen erhöhen. Wenige Wechsel der Schriftart und Schriftgröße, einfache Tabellengestaltung und das Aufgreifen gestalterischer Elemente des Anschreibens führen zu einer ansprechenden Darstellung der eigenen Biografie.

Weitere Informationen

Bei der Erstellung des eigenen Lebenslaufs ist es hilfreich, sich bei vergleichbar Beschäftigten in der Wissenschaft umzusehen. Wenn Sie etwa gerade Ihr Studium beendet haben, dann schauen Sie sich die mittlerweile zahlreichen Vitae von wissenschaftlichen Mitarbeitern an, die ebenfalls vor Kurzem eine Stelle angenommen haben und im Bereich der ausgeschriebenen Stelle tätig sind. Hierdurch erhalten Sie einen Eindruck davon, wie Ihr Lebenslauf im Vergleich zu anderen aussieht, und Sie erhalten gleichzeitig Anregungen für die Gewichtung von Informationen in Ihrem Lebenslauf.

Das Vorstellungsgespräch

Ist die erste Hürde geschafft und haben die Bewerbungsunterlagen eine Einladung zum persönlichen Gespräch erbracht, dann ist es wichtig, sich auf dieses Gespräch gut vorzubereiten.

Im wissenschaftlichen Kontext besteht ein solches Vorstellungsgespräch häufig aus zwei Teilen: dem eigentlichen Bewerbungsgespräch und der Präsentation eigener wissenschaftlicher Arbeiten. Immerhin 55 Prozent der zukünftigen Chefs erwarten von Bewerbern das Halten eines wissenschaftlichen Vortrags (vgl. die Kapitel »Ablauf wissenschaftlicher Bewerbungsverfahren«, »Der wissenschaftliche Vortrag«).

In diesem Abschnitt geht es um das Vorstellungsgespräch und um die Punkte, auf die bei diesem Gespräch zu achten ist. Ein wesentliches Merkmal solcher Gespräche in der Wissenschaft ist, dass sie weniger standardisiert und professionalisiert sind als beispielsweise in der Wirtschaft.

Häufig weniger standardisiert als in der Wirtschaft

Warum Bewerbungstipps für die Wirtschaft in der Wissenschaft wenig hilfreich sind

In Bewerbungsratgebern für Hochschulabsolventen, die in der Wirtschaft eine Stelle suchen, wiederholen sich die Tipps im Grunde immer wieder. Sicheres und freundliches Auftreten, Umdeutung von Schwächen in Stärken etc. sind wichtige Themen. Diese Handreichungen sind für die Wissenschaft nicht immer hilfreich, weil bei Vorstellungsgesprächen in der Wissenschaft andere Kulturen oder Mentalitäten bestimmend sind.

1. Wissenschaft ist in gewisser Hinsicht »ehrenamtliches Engagement« im Sinne des Erkenntnisfortschritts. Es geht in Bewerbungsgesprächen immer auch darum, die Engagementbereitschaft von Bewerbern kennenzulernen. Die Motivation, eine Stelle anzutreten, bestimmt, wie sehr jemand in der Lage ist, für die zukünftige Stelle fachlich-wissenschaftlich »Feuer und Flamme« zu sein.

2. In der Wissenschaft stehen fachliche Inhalte im Vordergrund. Es ist kein Zufall, dass Wissenschaftler fachliche Leistungen an zweiter Stelle der Bewertungsmerkmale von Gesprächen nennen. Allerdings hat ein sympathisches Auftreten noch keinem Bewerber geschadet.

3. Es gibt bei Bewerbungsgesprächen in der Wissenschaft kein »Protokoll«, nach dem diese ablaufen. Assessment-Center sind äußerst rar. Daraus folgt, dass Bewerber Improvisationsgeschick benötigen. Es ist gut, sich vorher über mögliche Fragen Gedanken zu machen. Die Antwort auf die »Klassikerfrage« nach Stärken und Schwächen ist beispielsweise bei nicht einmal fünf Prozent der Bewerbungsgespräche wichtiges Kriterium für oder gegen einen Bewerber.

4. Auch wenn Klischees vom weltfernen Wissenschaftler durchscheinen, so ist das Äußere dennoch kaum relevant für die wissenschaftliche Bewerbung. Gepflegte Kleidung als Signal, dass das Gespräch ernst genommen wird, ist oft ausreichend. In der Wissenschaft besteht eher die Gefahr, over- als underdressed zu sein.

Zum einen nehmen Institute und Lehrstühle nicht häufig genug Einstellungen vor. Daher sind eigene Abteilungen, die Assessments durchführen oder Routinen für Einstellungen entwickeln, nicht notwendig. So zeigt sich, dass die Mehrheit der befragten Personen in wissenschaftlicher Leitungsposition weniger als sieben Einstellungen in den letzten fünf Jahren vorgenommen hat (vgl. Abbildung 34).

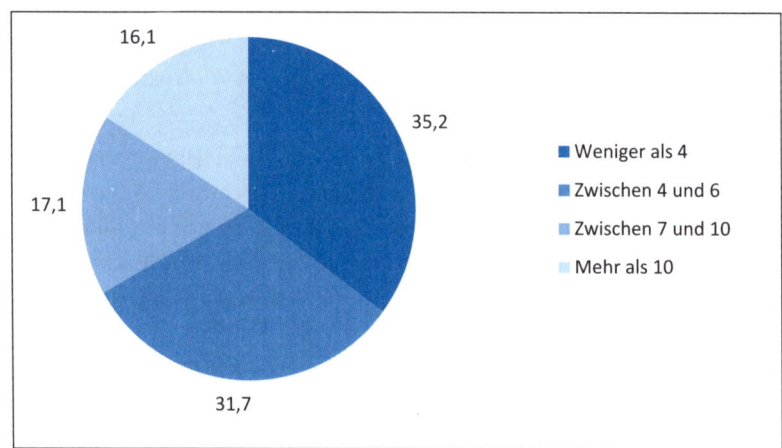

Abbildung 34: Anzahl vorgenommener Einstellungen in den letzten 5 Jahren (Angaben in Prozent)

Meist wenig Erfahrung bei Vorstellungsgesprächen

Etwa zwei Drittel verfügen somit über keine besonders ausgeprägte Erfahrung bei der Einstellung von Mitarbeitern. Lediglich bei einem Drittel der Befragten besteht eine ausgiebigere Praxis in diesem Bereich.

Zum anderen handelt es sich bei Hochschullehrern oder dem akademischen Mittelbau nicht um professionell ausgebildete Personalmanager, die über vorab formulierte Kriterienkataloge Entscheidungen zugunsten oder zuungunsten von Bewerbern treffen. Daraus folgt, dass sich das richtige Verhalten in einem Vorstellungsgespräch weniger konkret bestimmen lässt.

Wichtige Kriterien für das Vorstellungsgespräch

Wissenschaftler in Leitungspositionen besitzen klare Vorstellungen über für sie relevante Kriterien. Befragt danach, welches das wichtigste Kriterium für die Einstellung eines Bewerbers ist, geben knapp 30 Prozent an, dass sie die beim Gespräch gezeigte Motivation als das wichtigste Auswahlkriterium ansehen (vgl. Abbildung 35).

Wichtigste Kriterien: Motivation und Fachwissen

Kriterium	Prozent
Motivation beim Gespräch	29,4
Fachliches Wissen	28,3
Pünktliches Erscheinen	12,2
Ausmaß Informiertheit über Stelle	8,8
Erkennen eigener Stärken/Schwächen	4,9
Argumentationsvermögen	4,4
Selbstsicheres Auftreten	2,7
Äußeres Erscheinungsbild	2,4
Sprachliches Ausdrucksvermögen	2,2
Körperhaltung	1,3
Umgang mit Druck	1,1
Fähigkeit, Blickkontakt zu halten	0,7
Stellen eigener Fragen	0,4
Kritikfähigkeit	0,4

Abbildung 35: Wichtigstes Kriterium für die Bewertung eines Bewerbers im Vorstellungsgespräch

Ebenso relevant für die Einstellung ist das fachliche Wissen eines Bewerbers. Hier sind es ebenfalls knapp 30 Prozent, die ihre Entscheidung von der Qualität der fachlichen Kompetenz abhängig machen. Mit deutlichem Abstand folgen dann erst das pünktliche Erscheinen (12,2 %)

sowie die Frage, ob Bewerber sich gut über die Stelle informiert haben (8,8 %).

Klassische Bewerbungs-fragen weniger relevant

Die in der Wirtschaft klassischen Fragen hinsichtlich der Gesprächs-führung sind als Kriterium nur von untergeordneter Bedeutung. Das Kennen von Stärken und Schwächen, argumentative sowie selbstprä-sentierende Qualitäten stehen ebenso im Hintergrund wie Ausdrucks-vermögen, Körperhaltung oder die Fähigkeit, Blickkontakt zu halten. Ob Bewerber eigene Fragen stellen oder kritikfähig sind, spielt für die Entscheidung letztlich nur eine untergeordnete Rolle.

Drei Dimensionen der Bewertung von Bewerbern bei Vorstellungsge-sprächen

Die in Abbildung 35 dargestellten Bewertungskriterien lassen sich zu drei Haupt-dimensionen verdichten. Die Befragten sollten neben dem Topkriterium ange-ben, wie wichtig ihnen die verschiedenen Aspekte im Einzelnen sind.

Faktor 1: »Fachlich-motivationale Passung zur Stelle«. Hierzu gehören die Rele-vanz fachlichen Wissens sowie die im Gespräch gezeigte Motivation und das Ausmaß der Informiertheit über die Stelle.

Faktor 2: »Qualität der Gesprächsführung«. Diese Dimension beinhaltet bei-spielsweise den Umgang mit Gesprächsdruck, sprachliches Ausdrucks- und Ar-gumentationsvermögen sowie das Stellen eigener Fragen.

Faktor 3: »Persönliches Auftreten«. Die Fragen zu Pünktlichkeit, Körperhaltung und Blickkontakt sind in dieser Dimension ebenso enthalten wie jene zum äuße-ren Erscheinungsbild.

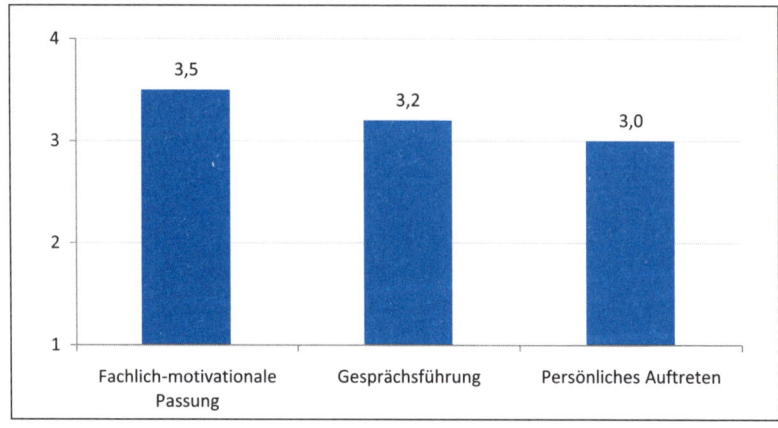

Abbildung 36: Relevanz der drei Hauptdimensionen des Vorstellungsgesprächs (Mittelwerte, 1-keine Relevanz bis 4-hohe Relevanz)

Wie Abbildung 36 zeigt, besitzt die Feststellung der fachlich-motivationalen Passung die größte Relevanz bei der Einschätzung eines Bewerbers. Erst nachgeordnet werden die Gesprächsführung und das persönliche Auftreten als wichtig erachtet.

Aus diesen drei Bewertungskriterien lassen sich vier Typen von Stellenausschreibenden ableiten, die im Bewerbungsgespräch zum Teil sehr unterschiedliche Akzente setzen. Diese vier Typen werden im folgenden Abschnitt näher beschrieben.

Insgesamt zeigt sich für Bewerbungsgespräche in der Wissenschaft, dass fachliche Qualitäten und motivationale Aspekte besonders wichtig sind. Wenn Wissenschaftler in Leitungspositionen anhand eines Kriteriums entscheiden müssten, würden sie einen dieser beiden Aspekte deutlich in den Vordergrund stellen.

PIAF – vier Einstellungstypen

Jedes Vorstellungsgespräch verläuft anders. Zu unterschiedlich sind Personen und Bedingungen der Personaleinstellung, als dass sich ein Leitfaden für »das« optimale Gespräch entwickeln ließe. Dennoch ist es hilfreich, eine Vorstellung davon zu haben, was auf einen Bewerber im persönlichen Gespräch zukommen kann. Eine solche Vorstellung erhält, wer sich von den verschiedenen Typen ein Bild machen kann. Auf der Basis der drei Dimensionen »Fachlich-motivationale Passung«, »Qualität der Gesprächsführung« und »Persönliches Auftreten« können die Typen identifiziert werden.

Es handelt sich dabei um die vier PIAF-Typen, die im Folgenden kurz vorgestellt werden. Wenn diese Typen bekannt sind, erleichtert das die Orientierung im Vorstellungsgespräch.

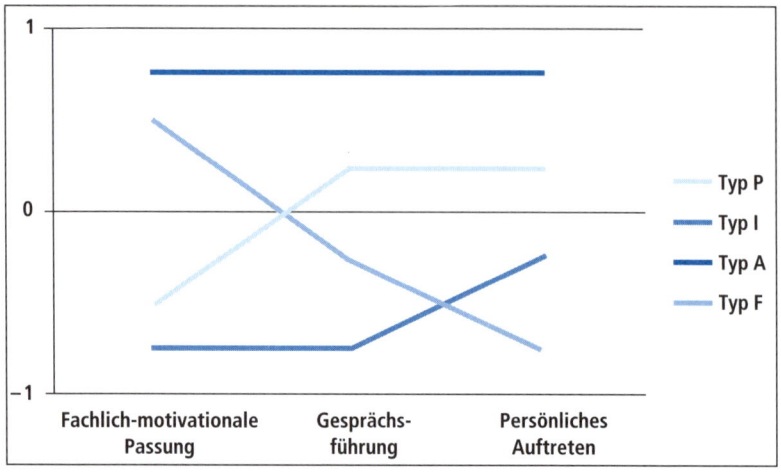

Abbildung 37: Profile der vier Einstellungstypen (schematische Darstellung; −1-keine Relevanz bis 1-hohe Relevanz)

Typ P –
Gesprächs-
führung und
persönliches
Auftreten

Typ P – Der Persönlichkeitsdiagnostiker

Der Persönlichkeitsdiagnostiker legt weniger Wert auf die fachlich-motivationale Passung eines Bewerbers zur Stelle. Vielmehr ist diesem Typ wichtig, dass Bewerber eine gute Gesprächsführung aufweisen und auf ihr persönliches Auftreten achten. Allerdings werden die beiden letztgenannten Kriterien nicht allzu hoch eingeschätzt, sodass sich das Urteil für oder gegen einen Bewerber eher auf den Gesamteindruck stützt. Männer und Frauen sind in diesem Typ in etwa gleich häufig vertreten. Typ P ist der einzige, bei dem die jüngsten Wissenschaftler in Leitungspositionen zu finden sind. Auch ist dieser Personenkreis mit im Durchschnitt vier Projektleitungen in den vergangenen fünf Jahren äußerst forschungsintensiv.

Typ I –
kein Kriterien-
schwerpunkt

Typ I – Der Intuitive

Die Intuitiven im wissenschaftlichen Leitungspersonal lassen sich in ihren Entscheidungen im Vergleich zu den anderen drei Typen weniger von fachlichen und motivationalen Aspekten leiten. Auch die Art der Gesprächsführung ist weniger relevant, und allenfalls das persönliche Auftreten ist relativ gesehen von Bedeutung. Der Intuitive hat im Vergleich zu allen anderen potenziellen Chefs kein deutliches Kriterienprofil. Hier wird eher aus dem Bauch heraus entschieden.

Dies hängt auch mit der Einstellungserfahrung zusammen. Die Intuitiven verfügen im Vergleich zu allen anderen Gruppen über die geringsten Einstellungserfahrungen. Hier sind häufiger Männer als Frauen anzutreffen.

Typ A – Der Anspruchsvolle

Typ A – hoher Anspruch bei allen Kriterien

Die Anspruchsvollen erwarten, dass Bewerber in allen drei Bereichen Bestnoten erzielen. Fachliche Kompetenzen und die Motivation müssen passen, die Gesprächsführung soll ambitioniert und das äußere Erscheinen ansprechend sein. Hier werden hohe Maßstäbe an Bewerber gestellt, und dies können sich die Anspruchsvollen offenbar auch leisten. Mit durchschnittlich 18 Bewerbungen pro Doktorandenstelle verfügt diese Gruppe über die größte Auswahl bei der Besetzung einer Stelle.

Gleichzeitig handelt es sich hier um den einzigen Typ, in dem mehr Frauen als Männer anzutreffen sind.

Typ F – Der Fachorientierte

Typ F – Fachwissen im Vordergrund

Für diese Wissenschaftler steht die fachliche Kompetenz deutlich über der Gesprächsführung oder dem persönlichen Auftreten. Zwar wird das Fachliche nicht ganz so hoch bewertet wie bei den Anspruchsvollen, allerdings treten die anderen beiden Kriterien deutlich hinter der Passung zur Stelle zurück. Diese Gruppe ist stark von Männern dominiert, und ihre Vertreter sind im Durchschnitt etwas älter als die der übrigen drei Gruppen.

Auch verfügt diese Gruppe über die meisten Einstellungserfahrungen. Über die Hälfte dieses Typs hat in den vergangenen fünf Jahren mehr als sieben Neueinstellungen vorgenommen. Fachorientierte haben zudem im Durchschnitt vier Projekte in den vergangenen fünf Jahren geleitet und gehören somit neben den Anspruchsvollen zu den forschungsstarken Einstellungstypen.

Diese vier Typen verdeutlichen, dass das Vorstellungsgespräch nach zum Teil sehr unterschiedlichen Kriterien bewertet wird. Während bei Typ P Stärken der Gesprächsführung im Vordergrund stehen, achtet Typ F mehr auf fachliche und motivationale Aspekte. Was also in einem Gespräch als Stärke empfunden werden kann, ist eventuell in einem anderen Vorstellungsgespräch nicht ganz so wichtig.

Nicht in jedem Gespräch sind Stärken tatsächlich auch Stärken.

Wie erkenne ich den Typ?

Den richtigen Typ identifiziert zu haben, bedeutet nicht, dass sich alle Personen eines Typs gleich verhalten werden. Für die Gesprächsführung seitens des Einstellenden spielen viele Faktoren eine Rolle: Wie viele Gespräche wurden bereits vorher am gleichen Tag geführt? Wie viel Zeit steht für das Gespräch zur Verfügung? Hat sich der Einstellende insgeheim bereits einen Favoriten herausgesucht und führt dieses Gespräch nur der Form wegen? Dies alles kann zusammen mit Tageslaunen den Gesprächsverlauf beeinflussen.

Dennoch bieten die Typen eine wichtige Orientierung, um selbst im Gespräch entsprechende Schwerpunkte setzen zu können oder gestellte Fragen besser einordnen zu können. Es gibt einige Hinweise, die Sie dem Gesprächsstil entnehmen können.

Art des »Small Talks«. Jedem Vorstellungsgespräch geht eine Begrüßung voraus. Diese kann eher formal ausfallen oder aber stärker in Richtung Small Talk gehen. Fragen danach, wie die Anfahrt war, ob das Büro leicht zu finden ist etc. gehören zum Small Talk. Der intuitive und der persönlichkeitsdiagnostizierende Typ werden eher zu einer längeren Plauderei zu Beginn neigen, Typ I tut dies, um sich vielleicht einen Eindruck von der Person zu verschaffen und um herauszufinden, ob mit dem Bewerber gut auszukommen ist. Typ P wird diesen Einstieg vermutlich eher ritualisiert haben und tendiert dazu, erste Einsichten über den Bewerber aus diesem Vorlauf zu gewinnen.

Reihenfolge der Fragen. Welche Art von Fragen werden gleich zu Beginn des Gesprächs gestellt? Handelt es sich um fachliche Fragen oder um Fragen zur eigenen Person? Fachorientierte werden zu Beginn eher fachliche Punkte in den Vordergrund rücken oder danach fragen, was Ihre bisherigen Tätigkeiten beinhalteten.

Art der Frageformulierung. Auch fachliche Fragen können unterschiedliche Nuancen aufweisen. Werden Fragen eher offen gestellt (z. B.: »Wie gut kennen Sie sich aus mit …?«) oder besitzen sie eine offensive Tendenz (z. B.: »Im Projekt müssen Sie … beherrschen. Können Sie das denn überhaupt?«)? Fragen des letzteren Typs können darauf hindeuten, dass der Gesprächspartner den Bewerber in die Defensive drängen will, um zu sehen, wie mit dem Gesprächsdruck umgegangen wird. Die Wahrscheinlichkeit ist groß, dass es sich hier um Typ P handelt. Gleiches gilt für »Überraschungsfragen«, bei denen der Gesprächspartner plötzlich das Thema wechselt oder eine auf den ersten Blick absurd klingende Frage stellt (z. B.: »Wie ordnen Sie Ihre Bücher im Regal?«).

Tiefe der Fragen. Fragen nach fachlichem Wissen können eher oberflächlich bleiben oder aber bis in kleine Details hineinreichen. Typ I wird sich vermutlich mit allgemeinen Fachfragen zufriedengeben bzw. die Selbsteinschätzung, etwas gut zu beherrschen, als Votum gelten lassen. Der Fachorientierte wird eher dazu neigen, detaillierte Fragen zu stellen oder den Bewerber mit einem spezifischen fachlichen Problem zu konfrontieren.

Die Unterschiede zwischen den Typen bedeuten nicht, dass für die einzelnen Gruppen nur das eine oder das andere Kriterium zählt. Ohne fachliche Kompetenz wird auch bei Typ P die Wahrscheinlichkeit einer Einstellung sinken. Allerdings sind die Nuancen wichtig für die eigene Gestaltung des Gesprächsverlaufs.

Fachwissen ja, aber die Nuancen sind entscheidend.

Verbreitung und Fächerschwerpunkte der Einstellungstypen

Dabei stellt sich die Frage, wie wahrscheinlich es ist, auf den einen oder anderen Typ zu treffen. Kommt es häufiger vor, dass gegenseitige Sympathie wie bei Typ I entscheidend ist, oder muss eher ein Gespräch souverän geführt werden können?

Abbildung 38 zeigt, dass die Anspruchsvollen unter den Einstellungstypen relativ häufig vorkommen. Etwas mehr als ein Drittel aller befragten Wissenschaftler in Leitungspositionen lassen sich diesem Typ zuordnen. Eher selten vertreten ist der intuitive Typ. Lediglich 14 Prozent fällen ihre Entscheidungen im Gespräch aus einem eher vagen Sympathiegefühl heraus.

Typ F kommt am häufigsten vor.

Mit jeweils einem Viertel sind schließlich der Persönlichkeitsdiagnostiker und der Fachorientierte vertreten.

Insgesamt ist also die Wahrscheinlichkeit besonders groß, entweder in allen drei Dimensionen oder aber in der fachlichen bzw. persönlichen Bewertungsdimension eine gute Figur machen zu müssen.

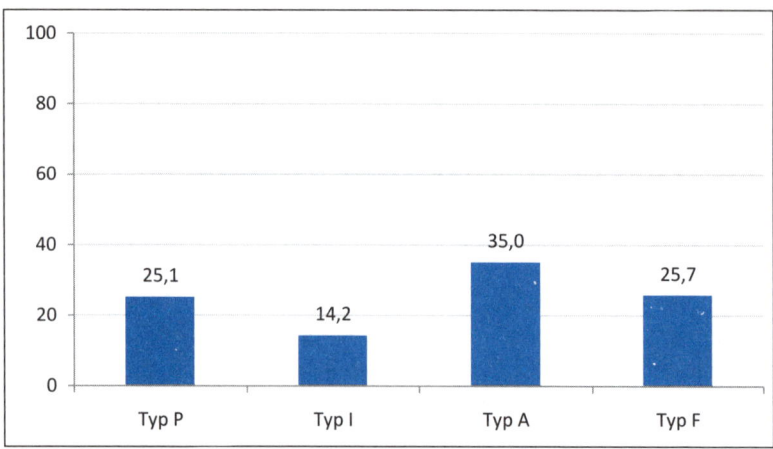

Abbildung 38: Häufigkeit der PIAF-Typen (Angaben in Prozent)

Innerhalb der einzelnen Disziplinen ergeben sich aber noch einmal Schwerpunkte, deren Kenntnis hilfreich ist, wenn es darum geht, Erwartungen aufzubauen und sich auf das Gespräch vorzubereiten. So ist beispielsweise der anspruchsvolle Typ besonders häufig in den Sprach-, Kultur- und Geisteswissenschaften anzutreffen. Über vierzig Prozent dieses Typs stammen aus den genannten Disziplinen (vgl. Abbildung 39).

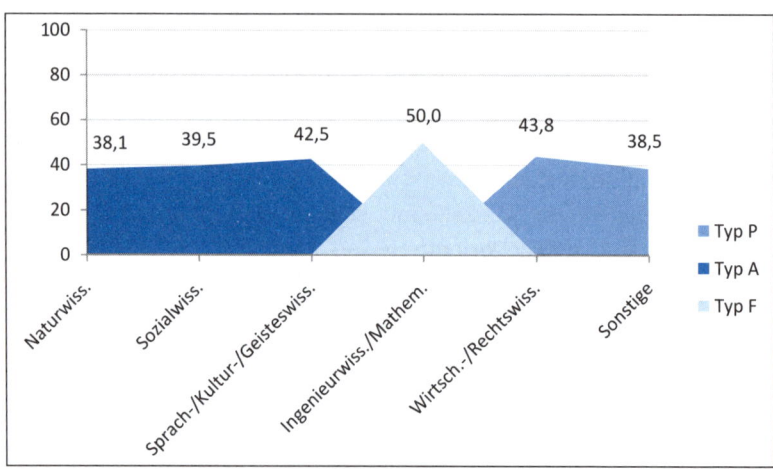

Abbildung 39: Verbreitung der PIAF-Typen nach Disziplinen (Angaben in Prozent; Typ I verteilt sich auf alle Disziplinen gleichermaßen)

Aber auch in den Natur- und Sozialwissenschaften finden sich verstärkt Wissenschaftler in Leitungspositionen, denen das Fachliche und das Persönliche besonders wichtig sind.

Absolventen der Ingenieurwissenschaften und der Mathematik sollten sich hingegen eher darauf einstellen, dass ihnen im Gespräch Typ F gegenübersitzt. Die Hälfte dieser Wissenschaftler gehört dem fachorientierten Typus an; sie stehen damit deutlich an der Spitze im Vergleich zu anderen Disziplinen. Wirtschafts- und Rechtswissenschaftler werden hingegen mit einer höheren Wahrscheinlichkeit auf den Persönlichkeitsdiagnostiker treffen. Gleiches gilt für Absolventen der sonstigen in der Studie nicht weiter ausdifferenzierten Studiengänge.

Vorbereitung auf das Vorstellungsgespräch

Eine gute Vorbereitung auf das persönliche Gespräch ist wichtig, um eigene Unsicherheiten zu mindern und Vorstellungen über den Gesprächsverlauf zu entwickeln. Während sich der Gesprächsstil nur schwer im Voraus einschätzen lässt, können potenzielle inhaltliche Anforderungen relativ gut eingegrenzt werden.

Inhaltliche Anforderungen im Voraus erkennen

Auch ist es möglich, sich vorab Klarheit darüber zu verschaffen, wer an dem Gespräch teilnehmen wird. Ist es nur der Lehrstuhlinhaber bzw. Projektleiter oder sind noch andere Mitarbeiter der Einrichtung anwesend?

Ein weiterer wichtiger Punkt ist die zeitliche Planung und Organisation der Anreise. Bewerber bringen sich selbst in die Defensive, wenn sie zu spät kommen, und das Gespräch steht bereits von Beginn an unter keinem guten Vorzeichen.

Planung der Anreise

Im Folgenden wird näher auf diese Vorbereitungsmöglichkeiten eingegangen, Hinweise für eine gute Vorbereitung auf das Gespräch schließen sich an.

Inhaltliche Anforderungen

Stellenausschreibungen sind häufig nicht sehr spezifisch, was die inhaltlichen Anforderungen einer Stelle betrifft (vgl. das Kapitel »Stellenausschreibungen richtig interpretieren«). Deshalb ist es sinnvoll, sich genauer über die Inhalte der Stelle bzw. mögliche fachliche Fragen vorab zu informieren. Soweit dies schon für die Formulierung des Anschreibens geschehen ist (vgl. das Kapitel »Das persönliche Anschreiben gestalten«), kann hierauf zurückgegriffen werden.

Lektüre von Publikationen

Da häufig nicht nur eine, sondern mehrere Bewerbungen parallel versandt werden, sollten diese Recherchen wieder aufgefrischt werden.

Tipps zur inhaltlichen Vorbereitung

1. Beschaffen Sie sich aktuelle Publikationen des Ausschreibenden zu den Themen, die auch die zukünftige Stelle tangieren könnten. Veröffentlichungen aus den letzten beiden Jahren sollten hierfür ausreichend sein. Es ist wahrscheinlich, dass Fragen aus den Themenbereichen kommen, in denen die Gesprächspartner in den vergangenen Jahren publiziert haben.
2. Sofern es sich um eine Position in einem Forschungsprojekt handelt, sollten Sie sich möglichst präzise über das Projekt informieren. Zuweilen finden sich auf den Webseiten der Institutionen oder Lehrstühle Hinweise zur geplanten Forschung. Bei der Deutschen Forschungsgemeinschaft sind in der Datenbank »GEPRIS« alle bislang geförderten Projekte in einer Kurzfassung gespeichert.
3. Werden Sie im Internet an keiner Stelle fündig, ist es durchaus legitim, den Stellenausschreibenden um ein Exemplar des Projektantrags zu bitten. Wesentlich ist, dass Sie dies inhaltlich für die kompetente Vorbereitung auf das Gespräch begründen.
4. Schauen Sie sich die Webseite des Lehrstuhls bzw. das Vorlesungsverzeichnis der betreffenden Hochschule an, welche Lehrveranstaltungen angeboten werden und welche Lehre Sie potenziell abdecken müssten (bei einer regulären Universitätsstelle) oder anbieten könnten (bei einer Stelle in einem Forschungsprojekt).
5. In diesem Zusammenhang ist es hilfreich, sich vorab Gedanken darüber zu machen, wie Sie Lehrveranstaltungen inhaltlich gliedern und welcher didaktischen Mittel Sie sich bedienen würden.

Gesprächspartner

Häufig fallen Entscheidungen im Team.

Nicht immer ist es nur der Stellenausschreibende, der das Gespräch mit Bewerbern führt. Häufig kommen noch Mitarbeiter des Lehrstuhls oder Instituts hinzu, um gemeinsam im Team die Entscheidung für den geeigneten Kandidaten treffen zu können.

Wie die Auszählung in Abbildung 40 zeigt, sind kollegiale Entscheidungen der Regelfall. Lediglich knapp über 20 Prozent treffen die Auswahl von Bewerbern alleine. Gut ein Drittel behält sich letztlich die Entscheidung vor, nimmt aber Rücksprache mit Mitarbeitern.

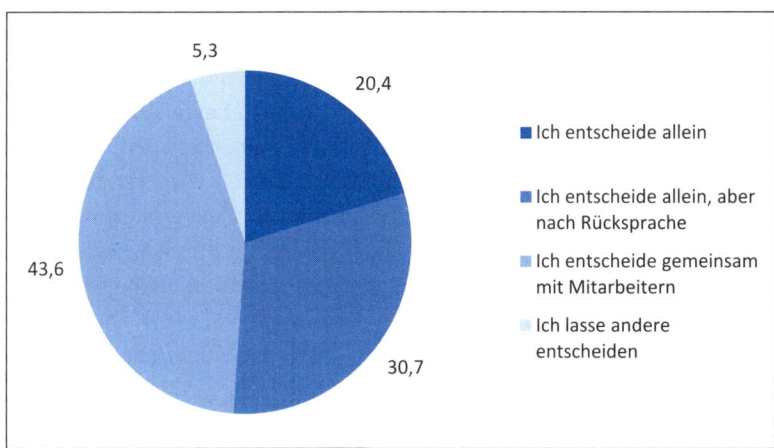

5,3

20,4

■ Ich entscheide allein

■ Ich entscheide allein, aber nach Rücksprache

■ Ich entscheide gemeinsam mit Mitarbeitern

Ich lasse andere entscheiden

43,6

30,7

Abbildung 40: Angaben zur alleinigen oder kollegialen Entscheidung über Einstellungen (Angaben in Prozent)

Die deutliche Mehrheit (43,6 %) trifft die Wahl für oder gegen einen Bewerber gemeinsam mit Mitarbeitern; eine kleinere Gruppe überlässt die Entscheidung anderen Personen.

Somit ist es wahrscheinlich, dass das Vorstellungsgespräch nicht unter vier Augen, sondern in einer größeren Runde stattfindet.

Tipps für die Vorbereitung auf die Gesprächspartner

1. Wenn die Einladung zum persönlichen Gespräch an Sie ergeht, können Sie nachfragen, wer an dem Gespräch teilnehmen wird.
2. Schauen Sie sich die Forschungsinteressen und Publikationen der anwesenden Gesprächspartner auf den betreffenden Webseiten der Einrichtung an und suchen Sie ggf. auch zu diesen Personen einige Publikationen heraus.
3. Auch wenn unter Umständen das Wort der Mitarbeiter weniger Gewicht haben kann, so sind die Einschätzungen aller Gesprächspartner für die Entscheidung meinungsbildend. Es ist daher wichtig, sich auf alle Beteiligten inhaltlich einzustellen.
4. Sollte es sich um eine Position in einem Forschungsprojekt handeln, versuchen Sie herauszufinden, wer die Projektleitung innehat und ob bereits Mitarbeiter in dem Projekt tätig sind. Da diese Kollegen mit Ihnen zusammenarbeiten sollen, wird deren Einschätzung eine nicht unwesentliche Rolle spielen.

Planung der Anreise

Ausreichend Zeit einplanen Es trägt vermutlich nicht zum Erfolg bei, im Hochsommer bei gleißender Hitze verschwitzt zum Vorstellungstermin zu hasten, um dann die erste Viertelstunde damit zu verbringen, Herr über Schweiß und Puls zu werden. Auch ist es wenig ratsam, unpünktlich zum verabredeten Termin zu erscheinen. Selbst wenn beispielsweise Zugverbindungen genügend Zeit vor dem Termin lassen, so sollte die durch verschiedene Universitätsstandorte und unübersichtliche Gebäude erzeugte Verzögerung nicht unterschätzt werden.

Generell gilt: Eine großzügige Zeitplanung ist einem entspannt geführten persönlichen Gespräch förderlich.

Tipps für die Planung der Anreise

1. Suchen Sie sich Zugverbindungen heraus bzw. planen Sie Ihre Autofahrt so, dass Sie vor dem eigentlichen Termin mindestens eineinhalb Stunden Zeit haben. Falls Sie mögliche Zugverspätungen, verpasste Anschlusszüge oder Verkehrsstaus einkalkulieren wollen, ist eine zusätzliche Stunde empfehlenswert.

2. Schauen Sie sich im Internet auf Stadtplänen an, wo sich die Einrichtung befindet. Falls Sie mit dem Zug anreisen, sollten Sie – falls eine Anschlussfahrt notwendig ist – bereits vor der Abfahrt Auskünfte zu öffentlichen Verkehrsmitteln einholen. Mittlerweile bietet jeder Nahverkehrsbetrieb elektronische Fahrpläne an. Sie können sich diese Arbeit unter Umständen erleichtern, indem Sie bei der ausschreibenden Institution nach der günstigsten Verkehrsverbindung fragen.

3. Nutzen Sie die zusätzlich eingeplante Zeit, um sich vor Ort ein Bild zu verschaffen. Bewerber fühlen sich sicherer, wenn sie das Gebäude und den Raum schon einmal (zumindest von außen) gesehen haben. Außerdem können Sie dann zum richtigen Zeitpunkt zielsicher am richtigen Ort auftauchen.

4. Ein kleiner Spaziergang in der Umgebung oder in der Stadt hilft, sich zu entspannen, und fördert die Konzentration. Gleichzeitig können Sie sich ein Bild von der Stadt machen und eventuell Gesehenes im Small Talk vor oder während des Gesprächs aufgreifen.

5. Planen Sie für die Rückreise genügend Zeit ein. Sie werden mit zunehmender Dauer des Gesprächs unruhiger, wenn Sie das Gefühl haben, Ihren Zug zu verpassen. Für den Fall, dass sich Gespräche, die vor Ihnen mit anderen Bewerbern stattfinden, in die Länge ziehen, ist eine großzügige Zeitplanung sinnvoll.

Diese Hinweise dienen dazu, dass Bewerber nicht unvorbereitet in das Gespräch gehen und von Fragen überrascht werden. Darüber hinaus ist es sinnvoll, eigene Fragen vorab zu formulieren, die im persönlichen Gerspräch geklärt werden können. Solche Fragen signalisieren nicht nur Interesse an der Stelle und eine gute Vorbereitung. Sie helfen Bewerbern auch, die Passung zwischen den Anforderungen der Stelle und eigenen Vorstellungen abschätzen zu können.

Eigene Fragen vorbereiten und im Gespräch stellen

Insgesamt ist eine gute Vorbereitung eine wichtige Voraussetzung dafür, weniger nervös in ein Gespräch zu gehen und sich im Verlauf der Unterhaltung auf die Inhalte konzentrieren zu können.

Zusammenfassung

Vorstellungsgespräche in der Wissenschaft folgen häufig anderen Regeln und Mechanismen als in der Wirtschaft. Ein wichtiges Merkmal ist, dass Bewerbungsgespräche vielfach weniger standardisiert sind und deshalb Empfehlungen über »die« richtigen Antworten auf klassische Fragen wenig Sinn ergeben.

Vielmehr ist es hilfreich, die wichtigsten Kriterien zu kennen, nach denen Stellen besetzt werden. Hier stehen motivationale und fachliche Aspekte klar im Vordergrund. Bewerber, die im persönlichen Gespräch eine hohe Motivation signalisieren und fachliche Kompetenzen kommunizieren können, werden ihre Chancen deutlich erhöhen.

Gleichzeitig finden sich unter Wissenschaftlern in Leitungspositionen Unterschiede in der Schwerpunktsetzung. Die vier PIAF-Typen zeigen, dass vor allem in den Ingenieurwissenschaften und in der Mathematik der fachorientierte Typ häufig anzutreffen ist, während der Persönlichkeitsdiagnostiker in den Wirtschafts- und Rechtswissenschaften, in allen übrigen Disziplinen Typ A, der Anspruchsvolle, überwiegt.

Während der Einstellungstyp u. a. anhand der Art und Tiefe der Fragen im Gespräch selbst identifiziert werden kann, gibt es eine Reihe von Möglichkeiten, sich bereits vor dem Gespräch möglichst optimal auf dieses einzustellen. Hierzu zählen insbesondere eine inhaltliche Vorbereitung, die Klärung der Anwesenheit potenzieller Gesprächspartner sowie die zeitlich großzügige Planung von Ab- und Anreise.

Weitere Informationen

Es ist schwierig, mehr über Erlebnisse anderer Absolventen bei Bewerbungsgesprächen in der Wissenschaft zu erfahren. Eine Reihe von Blogs und Foren im Internet ermöglichen, sich über diese Erfahrungen auszutauschen und wertvolle Tipps für das eigene Gespräch zu erhalten. Allerdings sollten Erfahrungen anderer nicht direkt übernommen werden, weil sich die Kulturen zwischen den Disziplinen zu deutlich unterscheiden und auch innerhalb einer Disziplin sehr unterschiedliche Charaktere anzutreffen sind. Für einen ersten Eindruck empfiehlt es sich aber, folgende Blogs und Foren aufzusuchen:

http://www.blog-sucher.de
Übersicht über wissenschaftliche Blogs

http://www.wissen-news.de/forum/
Forum zum Austausch, sortiert nach Disziplinen

http://www.stellenboersen.de/bewerbung/vorstellungsgespraech/
bewerbungstraining.html
Planspiel zum Trainieren günstiger und ungünstiger Antworten auf häufig gestellte Fragen in Vorstellungsgesprächen

http://mittelbau.org/
Homepage des »Bundesverbands Akademischer Mittelbau« mit Links zu Landesvertretungen und Ansprechpartnern

Der wissenschaftliche Vortrag

Wie bereits im vorhergehenden Kapitel erörtert, erwartet etwas mehr als die Hälfte der Stellenausschreibenden, dass beim Vorstellungstermin ein wissenschaftlicher Vortrag gehalten wird. Damit ist die Wahrscheinlichkeit relativ hoch, die fachliche Kompetenz nicht nur im persönlichen Gespräch, sondern zusätzlich durch einen wissenschaftlichen Vortrag unter Beweis stellen zu müssen.

Fachliche Kompetenz im Vortrag zeigen

Allerdings gibt es bezüglich dieser Bewerbungsstufe deutliche Unterschiede zwischen den einzelnen Disziplinen (vgl. Abbildung 41).

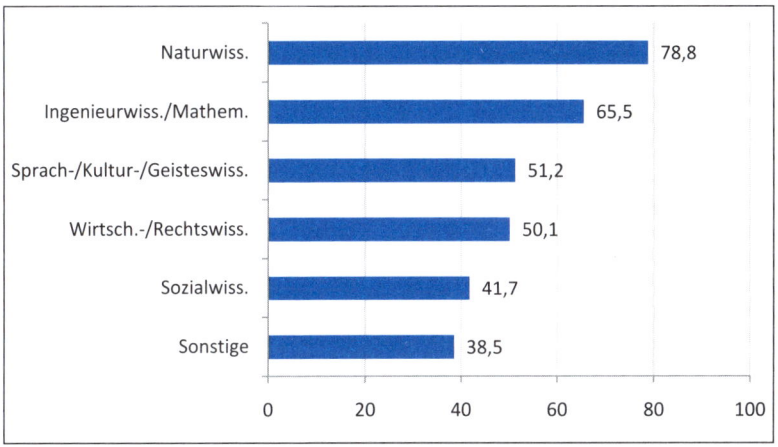

Abbildung 41: Erwartung eines wissenschaftlichen Vortrags nach Disziplinen (Angaben in Prozent)

In den technisch-naturwissenschaftlichen Fächern erwarten mehr als drei Viertel (Naturwissenschaften) bzw. knapp zwei Drittel (Ingenieurwissenschaften/Mathematik), dass Bewerber einen Vortrag vorbereiten und halten. In den Sozialwissenschaften ist es etwas weniger als die Hälfte, bei Sprach-, Kultur- oder Geisteswissenschaftlern knapp die Hälfte, ebenso wie bei Wirtschafts- und Rechtswissenschaftlern. In den übrigen Disziplinen ist die Wahrscheinlichkeit, einen Vortrag zu halten, geringer.

Vorträge besonders häufig im technisch-naturwissenschaftlichen Bereich

Tatsächlich sollte ein Fachvortrag als Chance für die Bewerbung gesehen werden. Die eigene Erfahrung, eine Präsentation zu halten, mag nicht sehr groß sein. Auch die Vorbereitung eines solchen Vortrags ist mit zusätzlichem Aufwand verbunden. Dennoch besteht durch den Vortrag die Möglichkeit, eigenes Wissen und ggf. eigene Forschungsarbeiten zu präsentieren. Persönliche Qualifikationen können auf diese Weise in den Vordergrund gerückt werden. Gleichzeitig bietet der Vortrag Gelegenheit, gute Argumente für die Einstellung der eigenen Person zu liefern.

Da bei solchen Vorträgen häufig die Darstellung eigener Arbeiten erwartet wird und die Vorgabe eines Themas eher selten vorkommt, kann ein einmal vorbereiteter Vortrag mehrmals verwendet werden. Allerdings sollte der Vortrag für jede Bewerbung an die Zielgruppe und die ausgeschriebenen Stelle angepasst werden.

Tipps für die Vorbereitung des Vortrags

Für die Vorbereitung des Vortrags ist es hilfreich, sich zunächst die folgenden Fragen zu beantworten, damit die Präsentation der Zielgruppe entspricht, wichtige Botschaften vermittelt und am Ende dem Zweck dient, Ihre Einstellungschancen zu steigern.

1. Vor wem spreche ich?
Informieren Sie sich intensiv über die Forschungs- und Lehrgebiete des Auditoriums. Wie beim Vorstellungsgespräch können Sie anfragen, wer bei Ihrem Vortrag anwesend sein wird.

2. Welches Ziel will ich erreichen?
Führen Sie sich vor Augen, dass Sie mit dem Vortrag drei Ziele erreichen möchten: (1) Darstellung der eigenen Fachkompetenz, (2) Präsentation der eigenen Person als kompetenter Wissenschaftler und (3) Darbietung von Argumenten für die Einstellung. Alle drei Ziele sind eng miteinander verflochten, sollten aber separat im Vortrag behandelt werden.

3. Wie viel Zeit steht mir zur Verfügung?
Klären Sie vorab, wie viel Zeit Ihnen für den Vortrag eingeräumt wird. Überschreiten Sie diese Zielmarke auf keinen Fall, setzen Sie Ihren Vortrag eher kürzer an. »Man darf über alles reden, nur nicht über zwanzig Minuten …«.

4. Welche räumlich-technische Ausstattung steht zur Verfügung?
Fragen Sie an, welche Geräte vor Ort sind. Stehen Laptop und Beamer bereit (was mittlerweile der Regelfall ist) oder gibt es lediglich einen

Overheadprojektor? Benötigen Sie ein Flipchart oder Whiteboard? Die räumliche Situation lernen Sie erst vor Ort kennen. Falls es möglich ist, sollten Sie vorab den Raum erkunden und alles für Ihren Vortrag vorbereiten.

5. Was soll das Auditorium am Ende wissen?
Ähnlich Ihren Zielen für den Vortrag sollten Sie vorab festlegen, was die Zuhörer am Ende Ihrer Präsentation wissen sollten. Formulieren Sie maximal drei zentrale Botschaften.

Es gibt kein Patentrezept für »den« guten wissenschaftlichen Vortrag. Je nach Zielgruppe soll der Vortrag inhaltlich-nüchtern oder auch anregend-visionär ausfallen. Manches Mal kann virtuos mit Zahlen jongliert werden, ein anderes Mal empfehlen sich klare und einfache Aussagen.

Es gibt nicht »den« guten Vortrag.

Der Aufbau eines wissenschaftlichen Vortrags

Es ist wichtig, einen Vortrag gut zu strukturieren und mit einer klaren inhaltlichen Logik zu versehen. Den Zuhörern sollte nicht nur eine Gliederung an die Hand gegeben werden, auch die zeitliche Gewichtung der einzelnen Teile des Vortrags muss stimmig sein.

Eine klassische Einteilung besteht aus Einstieg, Hauptteil und Schluss, wobei der Hauptteil nochmals in maximal drei Gliederungspunkte unterteilt werden kann. Ein roter Faden muss inhaltlich (und nicht nur in Form einer Gliederung) im gesamten Vortrag erkennbar sein.

»Klassischer« Aufbau

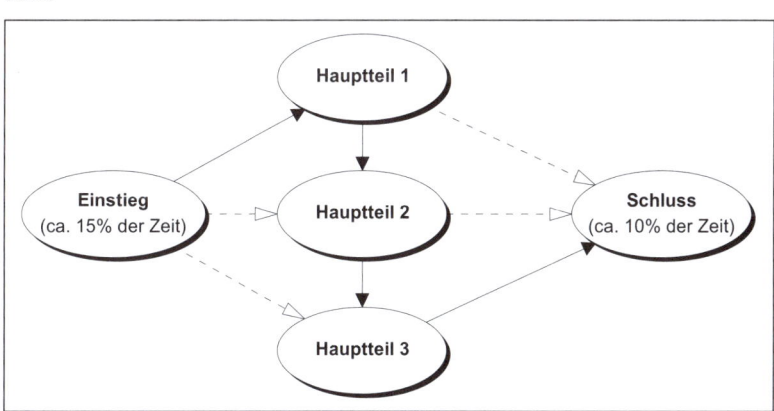

Abbildung 42: Struktur eines wissenschaftlichen Vortrags

Bei dieser klassischen Vorgehensweise sind ungefähr 15 Prozent der Zeit dem Einstieg gewidmet. Bei einem 20-minütigen Vortrag entspricht dies drei Minuten der Redezeit. Weitere zwei Minuten sollten für den resümierenden Schluss (10 Prozent der Zeit) eingeplant werden. Die verbleibenden 15 Minuten gelten dem Hauptteil, müssen aber nicht schematisch zu je gleichen Teilen auf die maximal drei Hauptteile verteilt werden.

Inhaltliche und rhetorische Verbindung zwischen den Teilen

Bei der Verknüpfung von Einstieg, Hauptteil und Schluss ist es wichtig, dass diese nicht nur in der zeitlichen Abfolge aufeinander aufbauen (durchgezogene Pfeile), sondern dass Einstieg und Schluss explizit auch Bezug auf die dazwischenliegenden Hauptteile nehmen (gestrichelte Pfeile). Auf diese Weise entsteht ein in sich geschlossener Vortrag mit einer klaren »take away«-Message.

Inhaltliche Argumentationsfiguren

Fünf verschiedene Argumentationsfiguren

Aus der Grobstruktur des Vortrags sind noch keine Aussagen über den inhaltlichen Aufbau ableitbar. Die zu präsentierenden Inhalte sind vielmehr sprachlich-argumentativ so aufeinander zu beziehen, dass der eigentliche rote Faden ersichtlich wird. Fünf verschiedene und zugleich interdisziplinär verwendbare Argumentations- und Darstellungsfolgen lassen sich unterscheiden und können den eigenen Bedürfnissen angepasst werden.

Auswahl nach Art der inhaltlichen Botschaft

Welche dieser Grundfiguren zur Darstellung des eigenen Themas passt, kann im Einzelfall entschieden werden. Keine der Argumentationsvarianten ist für eine Disziplin besonders geeignet oder ungeeignet. Wesentlich ist, dass die Gliederung der Präsentation die einzelnen Punkte berücksichtigt und dem Auditorium gegenüber kenntlich gemacht wird.

Bei keiner der Argumentationsfiguren muss der jeweils erst- bzw. letztgenannte Punkt dem Einstieg und dem Schluss entsprechen, es ist möglich, sie als einzelne Teile zu nutzen. So kann die zentrale Themen- oder Fragestellung des Vortrags in den Einstieg eingebaut werden, die Konsequenzen werden im Schlussteil berücksichtigt.

Argumentationsfiguren

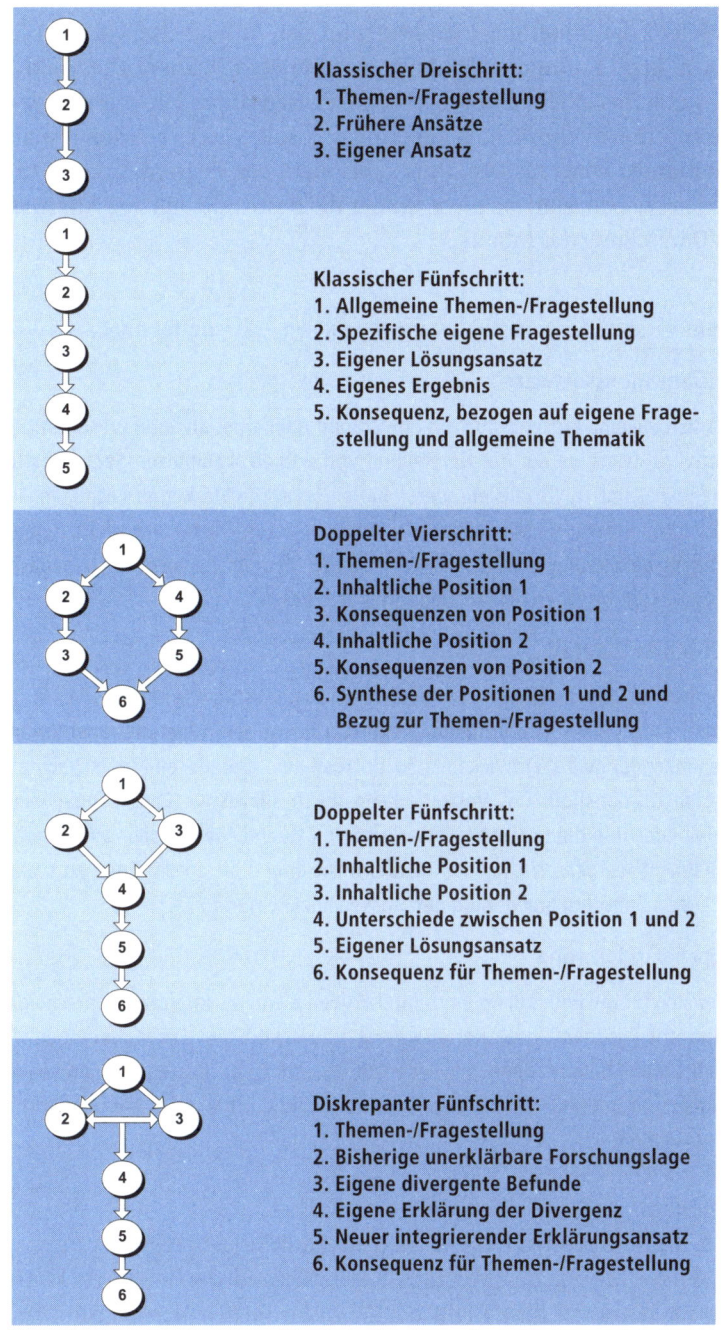

Klassischer Dreischritt:
1. Themen-/Fragestellung
2. Frühere Ansätze
3. Eigener Ansatz

Klassischer Fünfschritt:
1. Allgemeine Themen-/Fragestellung
2. Spezifische eigene Fragestellung
3. Eigener Lösungsansatz
4. Eigenes Ergebnis
5. Konsequenz, bezogen auf eigene Fragestellung und allgemeine Thematik

Doppelter Vierschritt:
1. Themen-/Fragestellung
2. Inhaltliche Position 1
3. Konsequenzen von Position 1
4. Inhaltliche Position 2
5. Konsequenzen von Position 2
6. Synthese der Positionen 1 und 2 und
   Bezug zur Themen-/Fragestellung

Doppelter Fünfschritt:
1. Themen-/Fragestellung
2. Inhaltliche Position 1
3. Inhaltliche Position 2
4. Unterschiede zwischen Position 1 und 2
5. Eigener Lösungsansatz
6. Konsequenz für Themen-/Fragestellung

Diskrepanter Fünfschritt:
1. Themen-/Fragestellung
2. Bisherige unerklärbare Forschungslage
3. Eigene divergente Befunde
4. Eigene Erklärung der Divergenz
5. Neuer integrierender Erklärungsansatz
6. Konsequenz für Themen-/Fragestellung

Mediennutzung

Inhalte bestimmen das verwendete Medium.

Nachdem die inhaltliche Struktur und der Aufbau des Vortrags feststehen, geht es um die Wahl der verwendeten Medien. Die Wahl des Mediums (beispielsweise Powerpoint-Präsentation, Flipchart) bzw. der Präsentationstechnik (z. B. Metaplan®) sollte sich an den Inhalten orientieren. Obwohl sich Präsentationen per Präsentationssoftware etabliert haben, sind sie nicht immer die beste oder einzige Alternative zur Darstellung der Inhalte.

Tipps für die Verwendung des angemessenen Präsentationsmediums

Präsentationssoftware

Wählen Sie eine Präsentation mit Powerpoint oder einer anderen Präsentationssoftware, wenn es um die Darstellung von Zahlen, komplexen Sachverhalten und insgesamt zu visualisierenden Inhalten geht. Die Stärken des Mediums liegen darin, schwer verständliche Inhalte durch anschauliche und leicht zugängliche Visualisierungen aufzubereiten. Dieses Medium ist nicht dazu gedacht, längere Textpassagen des Vortrags zu präsentieren.

Whiteboard/Tafel

Wenngleich das Image von Tafelbildern etwas angestaubt wirkt, so sind Whiteboards und Tafeln hervorragend geeignet, um vor den Augen des Auditoriums Gedankengänge zu entwickeln und darzustellen. Gerade eine verschachtelte Argumentationsfigur des Vortrags kann durch sukzessive Ergänzungen eines Tafelbildes und die grafische Darstellung von Querverweisen sehr schön veranschaulicht werden. Wichtig ist, hierbei nicht dauerhaft an der Tafel zu stehen oder den Zuhörern gar ständig den Rücken zuzukehren.

Flipchart/Pinnwand

Wer sich für die Einbindung eines interaktiven Elements im Vortrag entscheidet, kann auf Flipcharts oder Kartenabfragen zurückgreifen. Die Äußerungen des Auditoriums können dann (gut leserlich und groß) auf Karten an Pinnwänden angebracht oder auf dem Flipchart (ebenfalls auf Lesbarkeit achten) verschriftlicht werden.

Eine Kombination mehrerer Medien kann angebracht sein, um verschiedene Inhalte des Vortrags unterstützend darstellen zu können. Entscheidend ist, dass nicht das Medium in den Vordergrund rückt, sondern dass die Inhalte des Vortrags durch die Wahl des Mediums optimal präsentiert werden können.

Gestaltung elektronischer Präsentationen

Fällt die Wahl schließlich doch auf eine elektronische Präsentation mittels Powerpoint oder OpenOffice Impress, dann sollten für die Erstellung einige wichtige Grundregeln beachtet werden. Dabei gilt als übergreifendes Prinzip: schlicht, lesbar und übersichtlich. Die Stärken einer Präsentation liegen in der unterstützenden Visualisierung eines Vortrags. Die Präsentation ist nicht der Vortrag selbst.

Wichtiges Prinzip: schlicht, lesbar und übersichtlich

Tipps für die Gestaltung einer elektronischen Präsentation

Layout

Jede Präsentationssuite bringt mittlerweile eine Vielzahl an Standardlayouts mit, aus denen ausgewählt werden kann. Diese Layouts sind auf zwei Ebenen angesiedelt. Zum einen betrifft das Layout die Farbgestaltung durch Verzierungen, Balken und Ikonografien. Zum anderen ist dies die Unterteilung einer »Folie« in Überschrift, Text- und/oder Bildframes. Das grafische Layout ist für alle Folien identisch. Es sollte ein dezentes Erscheinungsbild mit wenigen Farben gewählt werden. Fortgeschrittene Nutzer können ein eigenes Layout entwickeln, das grafisch zur Gestaltung des Anschreibens und des Lebenslaufs passt.
Die Aufteilung einer Folie in einen Titel- und Text- bzw. Bildbereich variiert von Folie zu Folie. Diese Aufteilung richtet sich danach, welche Inhalte auf einer Folie präsentiert werden sollen.

Schriftgrad

Die meisten Präsentationsvorlagen sind bereits auf ein ausreichend großes und gleichzeitig gut lesbares Schriftbild ausgelegt. Als Grundregel gilt, dass kein Text kleiner als 16 pt formatiert sein sollte. Times, Arial, Helvetica oder neuerdings Calibri empfehlen sich als gut lesbare Schrifttypen.

Animation

Aktuelle Präsentationssoftware ermöglicht eine Vielzahl optischer Effekte durch Animation von Text- oder Bildobjekten, Folienübergängen oder das Abspielen von Video- oder Audiodateien. Auf die meisten dieser Animationen kann verzichtet werden bzw. sie sollten sehr sparsam eingesetzt werden. Als Ersatz für ein Tafelbild empfiehlt sich allenfalls, eine Grafik sukzessive per Animation auf einer Folie aufzubauen. Hierdurch können Zuhörer der Darstellung eines komplexen Sachverhalts leichter folgen.

Anzahl an Informationen pro Folie

Ein häufiges Problem bei Präsentationen ist, dass auf einer Folie zu viele Informationen enthalten sind. Das Schriftbild wird dann u. U. zu klein und das Auditorium ist damit beschäftigt, die Inhalte zu lesen, statt dem Vortragenden zuzuhören. Die Empfehlungen variieren hinsichtlich der Anzahl an Informationen pro Folie. Mehr als sechs bis acht Informationsbestandteile sollte eine Folie aber auf keinen Fall präsentieren. Als einzelne Information gilt z. B. eine Textzeile, ein Bild oder aber der Bestandteil eines Organigramms.

Anzahl der Folien

Einerseits richtet sich die Anzahl der Folien danach, welche Inhalte präsentiert werden sollen. Je mehr Inhalte dies sind, desto mehr Folien werden auch benötigt. Andererseits gibt die Zeit für den Vortrag den Rahmen vor. In der Regel ist es empfehlenswert, für jede Folie im Durchschnitt zwei Minuten Sichtbarkeit einzuplanen. Das heißt, bei Berücksichtigung der o. g. Hinweise sollten Folien so gestaltet sein, dass deren Inhalte in etwa zwei Minuten vollständig erfassbar sind. Die Titelfolie muss hier nicht eingerechnet werden, sodass für einen 20-minütigen Vortrag die Richtzahl von maximal zehn Folien gilt.

Vorbereitung des Vortrags

Zeitplanung und Proben des Vortrags

Der Vortrag gewinnt deutlich an Qualität, wenn er vorher sorgfältig vorbereitet wurde und infolge dieser Vorbereitung souverän und ansprechend gehalten werden kann. Zu einer guten Vorbereitung gehört nicht nur, die benötigte Zeit abschätzen zu können, sondern auch Formulierungen präsent zu haben, um im Anschluss auf Fragen und Kritik sicher reagieren zu können.

Tipps zur Vorbereitung eines Vortrags

1. Proben Sie den Vortrag mehrfach, bis Sie das Gefühl haben, die Inhalte souverän präsentieren zu können. Halten Sie den Vortrag vor Bekannten oder ggf. Kollegen, um die Wirkung und Verständlichkeit testen zu können.
2. Testen Sie nicht nur einmal, sondern mehrmals, wie lange Sie für Ihren Vortrag benötigen. Ein Vortrag wird niemals im gleichen Wortlaut und in der gleichen Geschwindigkeit wiederholt. Kürzen Sie Ihren Vortrag gegebenenfalls auf eine Zeit, die Ihnen zwei bis drei Minuten Spielraum eröffnet.
3. Proben Sie das Zusammenspiel Ihrer Rede und die Nutzung von Medien. Vorträge werden ermüdend, wenn in der Zeit der Mediennutzung (Weiterklicken von Folien, Schreiben an der Tafel) der Redefluss unterbrochen wird. Erst wenn beides Hand in Hand geht, handelt es sich um einen flüssigen Vortrag.
4. Lernen Sie den Vortrag nicht auswendig. Dies wirkt angestrengt und schulhaft. Unterstützen Sie Ihre freie Rede besser durch Stichworte auf Karteikarten. Verzichten Sie in jedem Fall auf ausformulierten Text. Proben Sie den Vortrag so lange, bis auch das Zusammenspiel von Ablesen der Stichpunkte und freier Rede reibungslos funktioniert.
5. Planen Sie ausreichend Zeit für die Erstellung des Vortrags und dessen Erprobung ein. Häufig empfiehlt es sich, einen Tag vor dem eigentlichen Vorstellungsvortrag keine Probe mehr durchzuführen. Hierdurch gönnen Sie sich selbst eine Pause und wirken beim Vortrag weniger ermüdet davon, den Vortrag bereits x-mal gehalten zu haben.
6. Machen Sie sich Gedanken über mögliche Fragen, die das Auditorium stellen könnte. Sind spezielle Fragen absehbar bzw. wahrscheinlich, dann hinterlässt es einen sehr guten Eindruck, wenn Sie für diese Fragen zusätzliche Folien vorbereitet haben und bei Bedarf präsentieren können.

Vortragsstil

Die wenigsten sind Naturtalente bei Vorträgen. Ein angenehmer Vortragsstil, bei dem sowohl die Inhalte klar und verständlich transportiert werden als auch die eigene Person in ein positives Licht gerückt wird, ist das Ergebnis guter Vorbereitung. Dies bedeutet nicht, dass Vortragende ihren eigenen Stil aufgeben sollen. Trotz aller Bemühungen, einen Vortrag perfekt zu halten, gilt, dass der Vortragende authentisch bleiben sollte. Diese Authentizität bleibt jedoch durchaus erhalten, wenn die folgenden Hinweise für den eigenen Präsentationsstil berücksichtigt werden.

Authentische Präsentation: Grundregeln

Tipps für den Vortragsstil

1. Reden Sie möglichst frei, nutzen Sie allenfalls Stichpunkte oder Halbsätze als Unterstützung für den Vortrag.
2. Sprechen Sie ruhig und beschleunigen Sie Ihr Sprechen nicht gegen Ende, wenn die Zeit knapp zu werden droht. Eine zu schnelle, aber auch eine zu langsame Sprechweise wirkt schnell ermüdend auf das Auditorium.
3. Modulieren Sie Ihre Stimme gemäß den Inhalten einer Aussage. Monotone Stimmlagen haben ebenfalls ermüdenden Charakter.
4. Sitzen Sie nach Möglichkeit nicht und verstecken Sie sich auch nicht hinter einem Pult. Gemäßigtes Auf-und-ab-Gehen in einem begrenzten Radius erzeugt das Empfinden eines lebhafteren Vortrags.
5. Nutzen Sie Gestik und Mimik, um die Inhalte Ihres Vortrags zu unterstützen. Verstecken Sie Ihre Hände nicht in den Taschen. Gleichzeitig sollten Gestik und Mimik nicht übertrieben eingesetzt werden.
6. Vermeiden Sie ichbezogene Aussagen, etwa zu Ihrer Aufgeregtheit. Zum einen wird diese Nervosität vom Auditorium häufig weniger stark wahrgenommen, als Sie selbst dies empfinden. Zum anderen legt sich diese Nervosität, je weiter Ihr Vortrag vorangeschritten ist.
7. Thematisieren Sie etwaige »Patzer« im Vortrag nicht sonderlich. Auch hier gilt, dass die Zuhörer diese weniger häufig oder intensiv wahrnehmen, als Sie vermuten. Sollten sich jedoch Versprecher oder Fehler bei der Präsentation ergeben, die unübersehbar sind, so zeigen Sie eine dezente Distanz zu sich selbst und ironisieren Sie dies.
8. Halten Sie Blickkontakt zum Auditorium. Lassen Sie Ihren Blick gleichmäßig durch den Raum schweifen. Fällt es Ihnen schwer, den Anwesenden in die Augen zu blicken, dann hilft es, knapp über die Köpfe der Zuhörer hinwegzusehen. Dies wird dennoch als direkter Blickkontakt wahrgenommen. Durch den Blickkontakt erzeugen Sie Aufmerksamkeit bzw. können Sie diese besser erhalten.
9. Gehen Sie auf Fragen am Ende des Vortrags direkt ein. Zeit zum Nachdenken können Sie sich durch die paraphrasierte Wiederholung der Frage »erkaufen«, und auch fünf Sekunden des Nachdenkens werden noch nicht als Unwissenheit oder Zögerlichkeit interpretiert.

Zusammenfassung

Wissenschaftliche Vorträge sind vor allem in den technisch-naturwissenschaftlichen Disziplinen sehr häufig Bestandteil des Bewerbungsverfahrens. Auch in anderen Fächern zeigt sich die Tendenz, einen
Vortrag als Grundlage für eine Entscheidung zu nutzen. Eine gute Vorbereitung des Vortrags zeichnet sich durch zeitliche Passung und inhaltlich gute Aufbereitung der Inhalte aus. Diverse Argumentationsfiguren können je nach Thema des Vortrags verwendet werden, um die
eigene fachliche Kompetenz unter Beweis zu stellen. Auch wenn ein
authentisches Auftreten während des Vortrags wichtig ist, damit Bewerber als Persönlichkeit wahrgenommen werden, sollten dennoch
einige Grundlagen der Präsentation und Überlegungen hinsichtlich des
eigenen Vortragsstils berücksichtigt werden.

Weitere Informationen

Zahlreiche Broschüren und Bücher geben Unterstützung bei der Erstellung einer
Präsentation und bei der Optimierung des Vortragsstils. Ein Blick in diese Literatur, wie z.B. »Duden: Reden halten – leicht gemacht«, ist lohnend, um häufige
Fehler zu vermeiden.
Amüsant und gleichzeitig sehr lehrreich ist die Lektüre der »Ratschläge für
einen schlechten Redner« von Kurt Tucholsky (beispielsweise verfügbar unter:
http://www.rhetorik.ch/Tucholsky/Schlecht.html).

Die Entscheidung

Nach Abschluss des Bewerbungsverfahrens liegt die Entscheidung für einen Bewerber bei den Stellenausschreibenden. Es ist immer schwierig, die eigenen Chancen auf eine Stelle richtig einzuschätzen. Zum einen sind die Mitbewerber nicht bekannt und zum anderen sind die Kriterien, die den Ausschlag für einen Kandidaten geben, sehr unterschiedlich.

Befragt nach dem wichtigsten Kriterium für die Wahl eines Bewerbers nennt ein Drittel der Befragten die fachliche Kompetenz eines Kandidaten (vgl. Abbildung 43).

Wichtige Kriterien für die Wahl eines Bewerbers

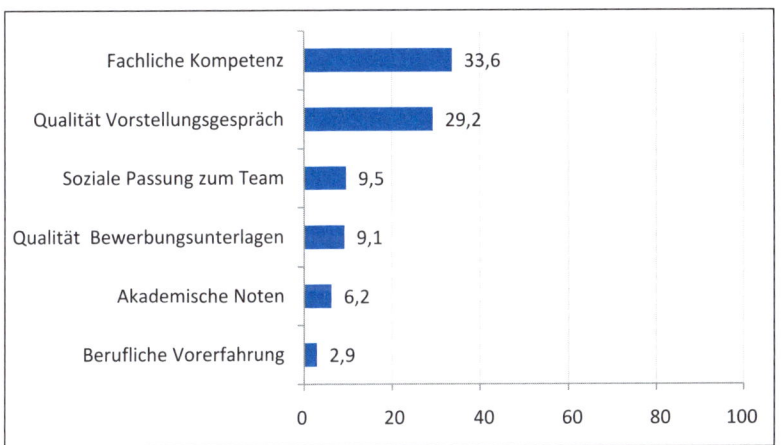

Abbildung 43: Wichtigste Kriterien der Entscheidung für einen Bewerber (Angaben in Prozent)

Somit stehen die wissenschaftlichen Qualifikationen deutlich im Vordergrund. Aber auch im Vorstellungsgespräch sammeln Bewerber wichtige Pluspunkte. Knapp 30 Prozent der Entscheidungsträger treffen ihre Wahl vor dem Hintergrund der Qualität des Gesprächs (inklusive Fachvortrag). Die Passung zum Team spielt mit unter zehn Prozent eine ebenso untergeordnete Rolle wie auch die Qualität der Bewerbungsunterlagen. Allerdings sind die Bewerbungsunterlagen der zentrale Zugang für eine Gelegenheit zum Bewerbungsgespräch. Aus diesem Grund werden sie nur von einer kleinen Gruppe zusätzlich zur Qualität des Gesprächs als Entscheidungshilfe herangezogen.

Fachliche Kompetenz und Qualität des Vorstellungsgesprächs

Auch die geringere Relevanz akademischer Noten und beruflicher Vorerfahrungen zeigt nicht an, dass diese unbedeutend sind. Vielmehr sind beide Aspekte bereits in der fachlichen Kompetenz als Kriterium enthalten.

Nachfragen zum Stand des Verfahrens

Angemessene Frist einräumen Es empfiehlt sich, mit einem gewissen zeitlichen Abstand nachzufragen, ob eine Entscheidung zur Besetzung der Stelle bereits gefallen ist. Drei bis vier Wochen sind ein angemessener Zeitrahmen, sofern nicht schon vorher eine Ablehnung oder Zusage erteilt wurde. Diese Nachfragen können per E-Mail oder telefonisch erfolgen, in der Regel ist jedoch eine kurze E-Mail völlig ausreichend.

Tipps für Nachfragen

Durch die Art und den Zeitpunkt der Nachfrage besteht die Gefahr, die Chancen der eigenen Bewerbung unbeabsichtigt zu mindern. Deshalb sollten einige Aspekte berücksichtigt werden:

- Formulieren Sie Ihre Anfrage freundlich und stellen Sie dabei kein zeitliches Ultimatum. Andernfalls wirkt die Anfrage aufdringlich und ein ursprünglich positiver Eindruck wird getrübt.
- Sofern Sie ein alternatives Stellenangebot haben, können Sie das als Begründung für Ihre Anfrage anführen und mit dem Hinweis verbinden, dass Sie besonderes Interesse an der ausgeschriebenen Stelle haben und hierfür auf das andere Angebot verzichten würden.
- Stellen Sie nur eine Anfrage. Durch wiederholtes Nachhaken werden die Chancen der eigenen Bewerbung geringer.

Wenn es einmal nicht klappt

Keine Bewerbung ist sinnlos. Auch bei einer Ablehnung liefert jeder Bewerbungsdurchlauf wichtige Erkenntnisse in Hinblick auf künftige Bewerbungen. Hierzu ist es hilfreich, nach den Gründen für eine Ablehnung zu fragen und auf dieser Basis die eigenen Unterlagen sowie die Qualität der Gesprächsführung zu optimieren.

Nach einer Ablehnung sollte deshalb die Möglichkeit genutzt werden, die Gründe für die Entscheidung zu erfahren. Auch wenn hier keine detaillierte Rückmeldung zu erwarten ist, helfen doch auch knappe Hinweise auf geringe fachliche Passung oder der Verweis auf geeignetere Kandidaten, um einen Eindruck von Mitbewerbern zu erhalten. Jede zusätzliche Information über die Gründe für die Zusage an andere Kandidaten ist deshalb bereits ein Gewinn, um die nächste Bewerbung weiter zu optimieren.

Optimierung neuer Bewerbungen

Auch nach einer Ablehnung sollten Sie die Form wahren und höflich bleiben. Ein kurzer Dank, beim Verfahren berücksichtigt worden zu sein, ist ausreichend. Da es sich in den einzelnen Disziplinen häufig um überschaubare Wissenschaftlergruppen handelt, die zu einem spezifischen Bereich forschen, ist es hier besonders wichtig, einen guten Eindruck zu hinterlassen. Häufig kennen sich Wissenschaftler untereinander bzw. treffen sich regelmäßig auf Tagungen. Geschichten über »schlechte Verlierer« machen schnell die Runde, und die eigene Bewerbung wird auch bei anderen Stellen deutlich geringere Chancen aufweisen.

Zu einer Zusammenarbeit gehören immer zwei

Sollte Ihnen die Stelle angeboten werden, ist eine reifliche Überlegung vor einer Zusage sehr wichtig. Mit der Zusage erfolgt nicht nur eine Festlegung auf einen Arbeitsort und einen zukünftigen Vorgesetzten. Gerade bei Promotions- und Habilitationsstellen ist damit die Wahl des Promotions- oder Habilitationsthemas verbunden. Auch die Möglichkeit eigenständigen Forschens und die Aussicht auf Publikationen mit Erstautorenschaft werden durch das Umfeld der Stelle bestimmt.

Passung von Stelle und eigenen Vorstellungen

Tipps zur Entscheidung für eine Stelle

Vor einer Zusage ist es ratsam, unter anderem über die folgenden Fragen nachzudenken:

- Mit welchem Gefühl bin ich aus dem Vorstellungsgespräch gegangen?
- Hatte ich den Eindruck eines respektvollen Umgangs und fachorientierten Austauschs?
- Hatte ich das Gefühl, dass das Zwischenmenschliche passt?

- Weisen andere Mitarbeiter des Lehrstuhls oder Instituts Publikationen mit Erstautorenschaft auf?
- Wie groß ist der thematische Spielraum der Forschung am Lehrstuhl oder Institut?
- Passt das erwartete oder vorgeschlagene Promotionsfeld zu meinen Vorstellungen einer weiteren Karriere in der Wissenschaft?
- Habe ich insgesamt das Gefühl, bei der Stelle gefördert zu werden?

Diese und weitere Fragen helfen, die eigene Entscheidung besser treffen zu können. Auch ist es u. U. sinnvoll, nach der Zusage die Webseiten des Lehrstuhls oder Instituts unter dieser neuen Perspektive anzusehen. Lag vorher der Fokus darauf, die eigene Bewerbung für die ausgeschriebene Stelle zu optimieren, so sollten nach einer Zusage die gleichen Informationen dazu dienen, die eigene Passung zur Stelle noch einmal zu durchdenken.

Zusammenfassung

Für die Besetzung einer Stelle sind die fachliche Kompetenz und die Qualität des Vorstellungsgesprächs von zentraler Bedeutung. Einmaliges höfliches Nachfragen in zeitlich angemessener Frist schadet der eigenen Bewerbung in der Regel nicht. Auch bei Absagen ist es wichtig, freundlich zu reagieren, um in der »scientific community« keinen schlechten Ruf zu bekommen. Im Falle einer Zusage sollte die Passung der Stelle zu den eigenen Vorstellungen noch einmal durchdacht und die Stelle ggf. erst dann angenommen werden.

Checklisten

Die folgenden Checklisten helfen, die eigene Bewerbung systematisch zu erstellen. Die Reihenfolge der Checklisten orientiert sich am Ablauf wissenschaftlicher Bewerbungen. Nicht alle Punkte einer Checkliste sind für jede Bewerbung notwendig.

Stellenanzeigen finden

☐ Auflistung der für den eigenen Bereich wichtigsten Jobbörsen
☐ Suchprofile in Internetjobbörsen erstellt
☐ E-Mail-Alerts der wichtigsten Internetjobbörsen eingerichtet
☐ Mit der Struktur der eigenen Disziplin und zugehöriger Gesellschaft vertraut gemacht
☐ Bitte um Aufnahme in den E-Mail-Verteiler der wissenschaftlichen Dachgesellschaft
☐ Erstellung einer Liste infrage kommender Lehrstühle und Institute
☐ Homepages von Universitäten, Fakultäten und Lehrstühlen auf Stellenangebote durchgesehen

Stellenanzeigen interpretieren

☐ Lektüre und Interpretation der Stellenausschreibung durch andere Personen
☐ Strukturierung der Stellenausschreibung
☐   Ausschreibende Institution
☐   Art der Stelle
☐   Befristung der Stelle
☐   Aufgaben
☐   Formale Einstellungsvoraussetzungen
☐   Inhaltliche Einstellungsvoraussetzungen
☐   Rechtliche Hinweise
☐   Bewerbungsmodalitäten
☐   Ansprechpartner

- ☐ Formulierung offener Fragen für ggf. telefonische Anfragen zur Stellenausschreibung
- ☐ Notizen zu wesentlichen Informationen der telefonischen Anfrage
- ☐ Zusammenfassung der wichtigsten Aspekte der Stellenausschreibung

Bewerbungsunterlagen zusammenstellen

- ☐ Zusammenstellung aller notwendigen Unterlagen
- ☐ Vorlage für Anschreiben
- ☐ Vorlage für tabellarischen Lebenslauf
- ☐ Ggf. Vorlage für ausführlichen Lebenslauf
- ☐ Professionell erstelltes Lichtbild
- ☐ Ggf. Empfehlungsschreiben
- ☐ Schulische Zeugnisse (Kopie)
- ☐ Akademische Zeugnisse (Kopie)
- ☐ Berufs- und sonstige Zeugnisse (Kopie)
- ☐ Korrekte Reihenfolge der Unterlagen
- ☐   Anschreiben
- ☐   Lebenslauf
- ☐   Schul- und akademische Zeugnisse
- ☐   Sonstige Zeugnisse
- ☐   Empfehlungsschreiben

Das Anschreiben gestalten

- ☐ Angemessener Umfang des Anschreibens
- ☐ Informationen im Anschreiben in der Reihenfolge ihrer Relevanz
- ☐ Struktur, Inhalt und sprachlichen Ausdruck des Anschreibens geprüft
- ☐ Ggf. durch andere Personen gegenlesen lassen
- ☐ Layout des Anschreibens geprüft
- ☐   Struktur
- ☐   Schrifttyp und -grad
- ☐   Zeilenabstände und Absätze
- ☐   Ggf. angemessene Farbwahl
- ☐   Adressbalken und Kontaktdaten
- ☐ Akademischer Grad bei Namensangabe

- ☐ Datumsangabe korrekt
- ☐ Anrede korrekt

Der Lebenslauf

- ☐ Wichtige Elemente in richtiger Reihenfolge enthalten
- ☐   Angaben zur Person
- ☐   Vorname(n), Nachname, ggf. Geburtsname
- ☐   Geburtsdatum und -ort
- ☐   Familienstand
- ☐   Anschrift und Kontaktdaten
- ☐   Angaben zur Ausbildung
- ☐   Schulische Ausbildung
- ☐   Ggf. berufliche Ausbildung (bspw. Absolvieren einer Lehre)
- ☐   Hochschulausbildung, inkl. akademischer Titel (bspw. Diplom, Promotion, Habilitation)
- ☐   Ggf. Weiterbildungen
- ☐ Ggf. beruflicher Werdegang
- ☐ Ggf. Auslandsaufenthalte
- ☐ Ggf. Angaben zu sonstigen Tätigkeiten (z. B. Praktika, Nebenerwerbstätigkeiten)
- ☐ Freizeitaktivitäten
- ☐ Ggf. Schriftenverzeichnis
- ☐   Beiträge in Fachzeitschriften oder Herausgeberbänden, Monografien
- ☐   Vorträge/Poster
- ☐   Forschungsberichte
- ☐ Ggf. Verzeichnis der Lehrveranstaltungen
- ☐   Angaben zum Semester (bspw. WS 2007/08)
- ☐   Universitätsname
- ☐   Ggf. Fakultät oder Institut
- ☐   Art der Lehrveranstaltung (Seminar, Übung, Vorlesung)
- ☐   Veranstaltungstitel
- ☐   Zielgruppe (bspw. Studierende der Informatik im Grundstudium)
- ☐   Ggf. kurze Beschreibung der Lehrinhalte
- ☐ Ort, Datum, Unterschrift
- ☐ Eventuell gleiches Design wie Anschreiben

Das Vorstellungsgespräch

- [ ] Informationen zu Teilnehmern und Anforderungen des Vorstellungsgesprächs eingeholt
- [ ] Eindruck von Mitarbeitern des Lehrstuhls/Instituts verschafft
- [ ] Ggf. Identifikation zukünftiger Kollegen in einem Projekt
- [ ] Inhaltliche Anforderungen der Stellenausschreibung rekapituliert
- [ ] Fragen für das Gespräch formuliert
- [ ] Fachvortrag vorbereitet
- [ ] Ausreichend Zeit für An- und Abreise eingeplant

Der wissenschaftliche Vortrag

- [ ] Klärung der Rahmenbedingungen
  - [ ] Auditorium
  - [ ] Zeitrahmen
  - [ ] Räumliche und technische Ausstattung
- [ ] Klärung des mit dem Vortrag verbundenen Ziels
- [ ] Struktur des Vortrags (Einstieg, Hauptteil, Schluss)
- [ ] Festlegung der Argumentationsfigur
- [ ] Klärung zu nutzender Medien
- [ ] Ggf. Prüfung der Powerpoint-Präsentation
- [ ] Probevortrag
  - [ ] Formulierungen
  - [ ] Synchronisation von Folien und Aussagen
  - [ ] Benötigte Zeit

Literatur

Duden: Die deutsche Rechtschreibung. 24. Auflage, Mannheim 2006.

Duden: Das Fremdwörterbuch. 9. Auflage, Mannheim 2007.

Duden: Das Synonymwörterbuch. 4. Auflage, Mannheim 2007.

Duden: Richtiges und gutes Deutsch. 6. Auflage, Mannheim 2007.

Duden: Briefe gut und richtig schreiben. 4. Auflage, Mannheim 2006.

Duden: Professionelles Bewerben – leicht gemacht. 2. Auflage, Mannheim 2007.

Duden: Der Deutsch-Knigge. 1. Auflage, Mannheim 2008.

Duden: Reden halten – leicht gemacht. 2. Auflage, Mannheim 2007.

Duden: Satz und Korrektur. 1. Auflage, Mannheim 2003.

Duden Korrektor: Die Duden-Rechtschreibprüfung (siehe http://www.duden-korrektor.de).

Hesse, Jürgen; Schrader, Hans Christian: Das große Bewerbungshandbuch. Frankfurt 2007.

Reinders, Heinz: Worauf kommt es an? Anforderungen an Bewerbungen in der Wissenschaft. In: Forschung & Lehre, 06/2007, S. 272–273.

Schreib- und Gestaltungsregeln für die Textverarbeitung. Sonderdruck von DIN 5008:2005. Berlin, Wien, Zürich 2005.

Will, Hermann: Mini-Handbuch Vortrag und Präsentation. Weinheim 2000.

Register